U0279587

教育部人文社会科学研究青年基金资助项目（编号：15YJCZH177）
北京市社会科学基金资助项目（编号：15WYC066）
北京市教育委员会科技计划资助项目（编号：KM201810009015）

筑苑009

筑苑·田居市井

——乡土聚落公共空间

王新征　著

中国建材工业出版社

图书在版编目（CIP）数据

田居市井：乡土聚落公共空间 / 王新征著．-- 北京：中国建材工业出版社，2019. 3（2019.9 重印）
（筑苑）
ISBN 978-7-5160-2483-6
Ⅰ．①田… Ⅱ．①王… Ⅲ．①乡村－聚落环境－建筑艺术－中国 Ⅳ．① TU-881.2
中国版本图书馆 CIP 数据核字（2018）第 291138 号

田居市井——乡土聚落公共空间
Tianju Shijing——Xiangtu Juluo Gonggong Kongjian
王新征 著

出版发行：中国建材工业出版社
地　　址：北京市海淀区三里河路 1 号
邮政编码：100044
经　　销：全国各地新华书店
印　　刷：北京天恒嘉业印刷有限公司
开　　本：710mm×1000mm　1/16
印　　张：11.25
字　　数：160 千字
版　　次：2019 年 3 月第 1 版
印　　次：2019 年 9 月第 2 次
定　　价：78.00 元

本社网址：**www.jccbs.com**，微信公众号：**zgjcgycbs**
请选用正版图书，采购、销售盗版图书属违法行为
版权专有，盗版必究。本社法律顾问：北京天驰君泰律师事务所，张杰律师
举报信箱：**zhangjie@tiantailaw.com**　举报电话：**（010）68343948**
本书如有印装质量问题，由我社市场营销部负责调换，联系电话：**（010）88386906**

以心築苑 人作天開

築苑叢書雅存

丁酉端午

孟兆禎

孟兆祯先生题字

中国工程院院士、北京林业大学教授

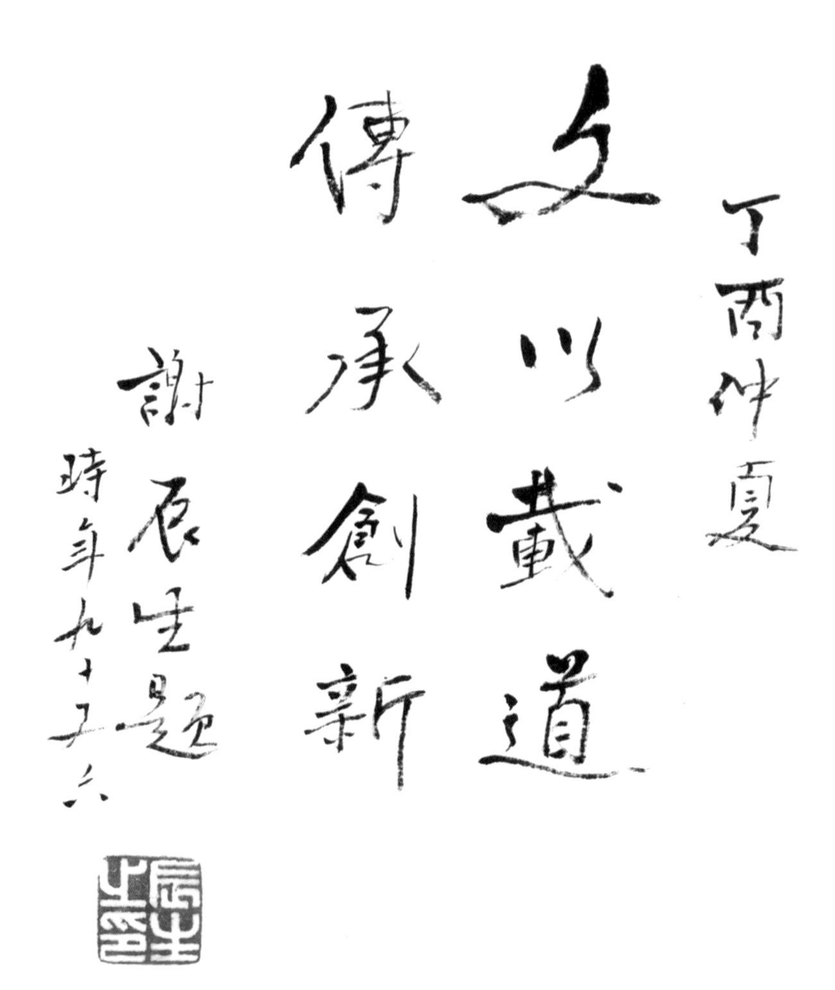

谢辰生先生题字

国家文物局顾问

筑苑·田居市井

主办单位

中国建材工业出版社

中国民族建筑研究会民居建筑专业委员会

扬州意匠轩园林古建筑营造股份有限公司

顾问总编

孟兆祯　陆元鼎　刘叙杰

编委会主任

陆　琦

编委会副主任

梁宝富　佟令玫

编委（按姓氏笔画排序）

马扎·索南周扎　王乃海　王吉骞　王向荣　王　军　王劲韬　王罗进　王　路　龙　彬　卢永忠　朱宇晖　刘庭风　刘　斌　关瑞明　苏　锰　李　卫　李寿仁　李　浈　李晓峰　吴世雄　宋桂杰　张玉坤　陆　琦　陆文祥　陈　薇　杨大禹　范霄鹏　罗德胤　周立军　荀　建　姚　慧　秦建明　袁思聪　徐怡芳　唐孝祥　曹　华　崔文军　商自福　梁宝富　端木岐　戴志坚

本卷著者

王新征

策划编辑

孙　炎　章　曲　李春荣

本卷责任编辑

章　曲

版式设计

汇彩设计

投稿邮箱：zhangqu@jccbs.com.cn

联系电话：010-88376510

传真：010-68343948

筑苑微信公众号

中国建材工业出版社
《筑苑》理事单位

副理事长单位

扬州意匠轩园林古建筑营造股份有限公司

广州市园林建筑工程公司

常熟古建园林股份有限公司

杭州市园林绿化股份有限公司

青海明轮藏建建筑设计有限公司

武汉农尚环境股份有限公司

山西华夏营造建筑有限公司

常务理事单位

宁波市园林工程有限公司

汇绿生态科技集团股份有限公司

湖州中恒园林建设有限公司

江苏省华建建设股份有限公司

江阴市建筑新技术工程有限公司

江西省金庐园林工程有限责任公司

中国园林博物馆

陕西省文化遗产研究院

浙江天姿园林建设有限公司

前　言

通常来说，在乡土聚落建成环境中，民居建筑因其数量众多、风格统一，对聚落整体形象具有最为重要的决定作用，因此在研究中也往往得到更多的关注。在乡土聚落公共空间方面，关注的重点则一般限于祠堂、寺、观等精神信仰类的公共建筑，对其他公共空间类型特别是外部公共空间总体上关注较少。这主要是因为从当代城市公共空间与公共活动的视角来看，乡土聚落中公共活动的规模有限，类型单一，公共空间尺度较小，分布分散，形式总体也较简单，同时在近代乡土聚落的变迁中受到新的经济模式、社会组织模式以及外部文化的冲击和破坏也较严重。

但另一方面，在传统时期的乡土聚落中，重要的公共建筑和公共空间，一直作为聚落公共活动的重要载体，在聚落整体空间结构和公共生活中处于核心地位，并且直到今天其公共生活模式仍在一定程度上得到保留和传承。当代乡土聚落的研究和保护开始从单纯保护物质遗存转向注重传统生活方式、乡土文化传承的情况下，与乡土聚落中的传统公共生活模式和乡土文化关系密切的公共空间理应得到更多的关注。特别是对于现状情况复杂、无法实现整体保护的乡土聚落来说，如何通过对尚存的建筑和空间要素的整合和有效利用，实现聚落传统生活方式和地域文化在一定程度上的延续，是研究和保护实践中非常值得关注的问题。

乡土聚落所处的自然地理、资源经济和社会文化环境千差万别，这种差异性会体现到聚落的功能组织、空间结构和建筑形态当中。相应的，乡土聚落公共空间的结构、功能、尺度、形式等也表现出相当程度的丰富性。从空间的形式和尺度来看，街巷空间和广场空间是最为基本的外部公共空间类型；从聚落及其公共空间所处的环境来看，滨水空间和山地聚落的公共空间因其与自然环境要素的密切联系而表现出较强的特殊性；从公共空间的功能来看，农事活动、商业活动以及信仰活动对应着不同的空间形态；从公共空间所容纳的公共活动的性质看，可以分为日常性空间和仪式性空间两大类型；从公共空间的重要性和意义来看，聚落的入口空间、重要的公共建筑空间以及公共领域与私人领域的过渡空间往往得到更多的关注；从公共空间的形成看，其空间结构的规划和空间界面的营造具有非常重要的意义。

按照上述关于乡土聚落公共活动与公共空间类型的划分，本书汇集了一批具有代表性的乡土聚落公共空间实例，旨在建立一个中国乡土聚落公共空间、公共生活及其当代变迁的整体轮廓，进而理解与之相关联的传统生活方式与乡土文化。其中，相对于纯粹的建筑和空间物质层面的特征，本书更为关注场所与人的行为模式、生活方式乃至地域文化之间的关联性，即“人创造空间，空间塑造人”。

北方工业大学　　王新征

2018 年 12 月

目 录

01 寻常巷陌

在乡土聚落中，街道和巷弄是外部空间最主要的形式。同时，对于很多聚落来说，街巷通常也是界定聚落空间结构最为重要的要素，决定着聚落整体的空间格局。在中国乡土聚落中，街巷不仅具有交通功能，同时往往也是公共活动发生的重要场所，聚落中日常公共活动和仪式性活动中占相当比重的部分，都在街巷空间中展开。

1.1 乡土聚落街巷空间

现代城市中，车行道路在很大程度上决定了城市的基本结构，这种状况同样发生在传统时期的乡土聚落当中。一方面，道路和河流在很多时候决定了聚落的选址，即使是纯粹的农业型聚落，一般也不可能完全摆脱对对外交通的依赖。另一方面，聚落的扩展通常也沿着道路和河流展开，并且最终形成以道路为主要脉络的整体结构。

这一点尤其体现在地域之间乡土聚落的对比中，南方与北方、东部与西部、山地与平原、水网地带与旱作农业地区、商贸型地区与农耕型地区，不同地域的自然地理、资源经济与社会文化特征都会在聚落的街巷结构中有清晰的体现（图 1–1）。

更为重要的是，与现代城市中车行道路单纯承担交通功能不同，在乡土聚落中，街巷既是往来交通的路径，又是公共活动的空间。传统时期，乡土聚落大多规模不大，人口较少，生产方式和生活方式也较简单，无法支持大尺度、专门化、形式复杂的公共空间系统。同时，乡土聚落日常的公共活动，大多与生产、生活密切相关，伴随生产生活活动发生。在这种情况下，公共活动与街巷空间之间的密切联系，

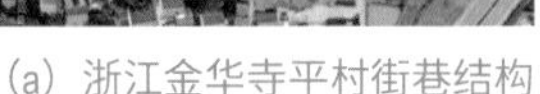

(a) 浙江金华寺平村街巷结构

(b) 广东潮州象埔寨街巷结构

图 1-1
（来源：王新征 摄）

既符合聚落节约土地资源和建造资源的需要，也有利于提高公共活动发生的频度和质量。

与街巷结构强烈的地域性特征相类似，街巷作为公共空间的特征，也具有明显的地域性，在不同气候、地形地貌、经济模式条件的地域之间会存在显著的差别。同时，街巷的尺度、形式、界面、功能等具体特征，也会对所承载公共生活的模式和质量产生影响。

1.2 形态：曲与直

通常来说，在纯粹自发形成和发展起来的乡土聚落中，街巷总体上不会呈现非常规则的直线形态。但在实际中，留存至今的大部分乡土聚落的实际营建年代都不会早于明代，且其营建过程中大多都存在某种程度上的规划、控制或引导。在这种情况下，街巷的形态实际上在很大程度上反映了一种地域性的聚落营建理念，并且与地域的自然地理、资源经济和社会文化环境存在着密切的联系。从这个角度来说，街巷形态差异的意义远远超出了纯粹的视觉形式。

首先，从聚落营建和建筑选址最为基础的层面上来看，规则的直线形街巷结构一般出现在平原地区，而山地地区和水网地区的街巷格局则通常受到地形地貌的限制，必须顺应等高线或者河流的走势（图 1-2）。

其次，气候对街巷形态的影响不仅仅体现在水网地带与旱作农业地区之间的差异上，局部气候的特征也可能催生出与之相适应的聚落街巷形态结构。关于这一点一个典型的例子是广府地区乡土聚落的街巷形态。广府地区地貌以河流河口沉积形成的三角洲平原为主，河网密集，通常来说，在这样的地貌环境中，聚落的街巷会顺应河流的走势而呈现灵活自然的形态。但在广府地区的乡土聚落中，街巷的形态却以规则的直线形式为主。其原因在于，粤中、粤西地区在气候上归属于亚热带海洋性季风气候区，气候温暖多雨、光热充足、雨量充沛，因此聚落和民居建筑中都从通风、排湿方面考虑。同时因地少人多，广府地区的传统聚落总体上密度较大。为了在湿热的气候和较大的居住密度下获得良好的通风，民居通常沿南北向的“冷巷”规则排列，形成“梳式”布局，空气的流通使冷巷成为凉爽舒适的室外空间（图 1-3）。在滨海地区，因为海陆温差形成的小气候，梳式布局的

图 1-2
（来源：王新征 摄）

(a) 烟台龙口西河阳村街巷形态

(b) 贵州花溪镇山村街巷形态

图 1-3
（来源：李雪 摄）

(a) 广东三水大旗头古村巷道

(b) 广东肇庆古蓬村巷道

巷道方向可能会出现不是沿南北向、而是顺应局部地区主导风向布置的情况。在珠江三角洲水网密集地区，聚落中的巷道常垂直于等高线指向水体的方向（图 1–4），或以地势的高点为中心向外发散，形成中心高、四周低的放射形格局，既有利于通风，也利于洪水来临时的避险。这些类型都可以视为梳式布局在特定气候和地貌环境下的变体。

最后，除了地貌、气候等自然条件，社会和文化条件也会影响街巷的形态。例如对聚落防御性的强调，常常会导致出现复杂、曲折的街巷形态。较为明显的实例是贵州西部安顺地区的屯堡聚落，街巷幽深、狭窄、曲折，充分考虑了战争状态下的防御性需求（图 1–5）。而在传统文化较为成熟和发达的地区，文化和审美的考量也会影响聚落中街巷的格局和形态。这方面的一个例子是徽州地区的乡土聚落，虽然徽州地区山地多、平地少、地狭人稠，但聚落营建选址多为山间盆地、谷地，地势大多仍较平坦。因此，徽州聚落中街巷的曲折蜿蜒固然有受山形地势或水系所限的原因，但同时也受到文化中的风水观念和审美情趣的影响（图 1–6）。前述广府聚落中街巷梳式布局的普遍使用，除却通风的考虑外，也有赖于广府地区与中原、江南等传统汉文化核心地区迥异的文化和审美心态。而北京等传统时期的城市中

图 1–4　广东高要槎塘村（来源：谢俊鸿 摄）

图 1–5　贵州安顺天龙屯堡街巷
（来源：王新征 摄）

图 1–6　安徽歙县瞻淇村街巷和民居
（来源：江小玲 摄）

规则的街巷格局，则明显是有意识地规划所导致的结果。

对于街巷作为公共空间的意义来说，规则的直线和灵活曲折的形态会带来不同的感受。总体上来说，曲折的街巷更适合人的停留，空间模式也更为丰富，从而相对更有利于公共活动的开展。同时，对于人沿着路径行进过程中的视觉体验来说，不同的街巷形态之间也存在着明显的差异。直线形式的街巷使视觉更为通透，当街巷的尽头或远景存在重要的建筑物或者山体等自然地貌时，会形成使人印象深刻的景观体验，同时强调出作为对景的事物的重要性（图 1–7）。而曲折的街巷则会强调出行进过程中视野的变化，带来更为丰富的视觉体验，特别是曲线形态的街巷所形成的逐渐展开的视野，是很多南方地区乡土聚落令人印象深刻的空间特征（图 1–8）。

此外，除了平面形态外，街巷空间的比例和尺度也会影响其作为公共空间的属性。相对来说，较宽的街道会使其交通属性得到强调，但也意味着可以容纳类型更为丰富的活动，而狭窄的巷道一方面更适合人的停留，但另一方面其公共活动的规模和形式也会受到限制。

图 1–7　广东从化钟楼村街巷
（来源：李雪 摄）

图 1–8　广东潮州龙湖古寨街巷
（来源：王新征 摄）

1.3 界面：封闭与开放

无论对于何种空间类型，界面都具有重要的意义，界面不仅仅起到围合空间的作用，其功能和形式也会影响空间的属性，并赋予空间以场所感。对于街巷空间来说，线性的空间形态决定了其主要围护界面在类型上是比较单一的，即表现为街巷两侧线性排列的建筑或墙体，但其功能和形态的差异仍会对街巷的公共空间属性产生显著的影响。具体来说，界面的高度、形式、材料、色彩、肌理等特征都会成为街巷空间视觉形式的一部分，但对于街巷作为公共空间的属性以及界面与公共活动之间的关系来说，最为重要的性质是界面的开放程度。

总体上来看，中国传统时期的民居建筑以内向性的空间组织模式为主，建筑单体朝向庭院的一侧较为开敞，而朝向外部街道的一侧则通常较为封闭。因此，纯粹由居住建筑围合界定的街巷空间，其界面通常是较为封闭的。而街巷空间开放性程度的高低，则通常取决于作为街巷界面的建筑群体中商业等公共功能所占的比重。

在最为极端的情况下，街道完全被封闭的墙体所限定，仅保留最低限度的门窗洞口，建筑内部功能与街巷之间的联系几乎被完全遮断，街巷中公共活动的形式仅限于与交通伴随发生的偶发性的交往活动，同时建筑或者院落的入口成为对于街巷的公共空间属性具有重要意义

的节点。这类封闭性很强的街巷空间在强调防御性的情况下较为常见，也多存在于夏季气候干热，重视民居建筑遮阳隔热的聚落环境中，一般并非聚落中的主要街道（图 1–9）。

另一个极端则是对街道公共性的格外强调，通常存在于传统时期商业化程度较高的城镇聚落中，或是乡土聚落中与庙会、草市、墟市等集市活动关系密切的街道。这类街道空间的界面通常完全由向街道敞开的商业店铺组成，并通过“前店后居”“下店上居”等形式与居住建筑结合起来（图 1–10）。同时，为适应不同地域气候对避雨、遮阳等功能的需求，沿街的商业建筑发展出翻轩、骑楼等过渡空间的形式，进一步强化了街道与建筑之间的关系，也丰富了街道公共活动的内容和形式。

上述两种街巷形式反映了极端化的封闭与开放状况，在传统时期的乡土聚落中所占比重都比较小，更为常见的情况则是以大量居住建筑的墙体构成街巷界面的主体，少数商铺、寺庙、祠堂等公共建筑以及居住建筑的大门等开放性较强的节点交杂其间所形成的混合性的界面形态。这种状况既是乡土聚落中居住建筑与公共建筑各自所占比重的客观反映，同时也与传统聚落日常公共活动的状况相适应（图 1–11）。

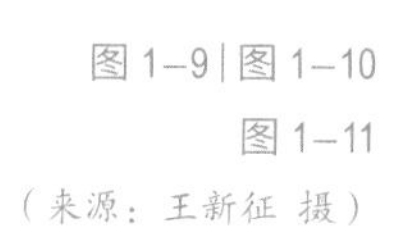

图 1–9 | 图 1–10
图 1–11
（来源：王新征 摄）

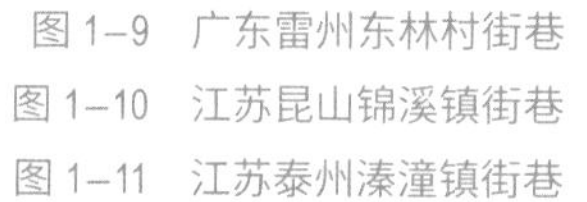

图 1–9　广东雷州东林村街巷
图 1–10　江苏昆山锦溪镇街巷
图 1–11　江苏泰州溱潼镇街巷

1.4 节奏：路径与节点

街巷作为公共空间的功能和属性是与其交通功能相伴随的，即通过沿着路径的行进过程来串联和组织公共活动。因此，无论是从街巷空间自身的形态来看，还是从其围护界面来看，过于单调划一的形态都会降低公共活动的质量和丰富程度。高质量的街巷公共空间，能够在保持其顺畅的交通功能的同时，通过空间要素所形成的节奏感，为公共活动的开展提供良好的背景。其中最为普遍的方式，就是沿着街巷的路径设置若干节点，形成空间节奏的收放，同时实现公共活动空间与交通路径一定程度上的区分。

节点的设置首先取决于其在整个路径上的位置。聚落的入口作为聚落外部交通与内部道路系统的交汇处，同时也是聚落街巷的起点，因此往往会成为街巷空间中最为重要的节点，被给予较宽裕的、适于停留的空间尺度，通常还会设置门楼等建筑物，一方面提高其礼仪性，同时也具有防御和临时遮蔽烈日和雨水的功能（图1–12）。街巷系统中巷道与主要街道的交汇处，也常建巷门，强调出归属感和领域感，也有防盗的功能（图1–13）。部分聚落街巷系统的结束部分也会成为较重要的公共空间，并设置风水树或者民间信仰的寺庙，使之具有较强的精神意义。同时，聚落街巷系统中重要道路的交叉口往往也会被作为具有较重要公共意义的节点，并容纳商业性或信仰类的公共活动。此外，街巷跨越聚落水系所设置的桥梁，通常也具有明显的节点意义，不仅仅用于通行，同时也适于停留（图1–14）。

图1–12　江西金溪高坪村门楼（来源：邵佳明 摄）

(a) 福建武夷山城村村巷门（来源：杨茹 摄）

(b) 广东雷州邦塘村巷门（来源：王新征 摄）

图 1–13

另一方面，街巷空间中节点的位置也与其周边建筑特别是围合界面建筑的功能密切相关。相对于民居来说，那些在聚落公共活动中具有重要意义的公共建筑，显然会对邻近的公共空间产生更为积极的影响。具体来说，在宗族意识强烈的乡土聚落中，作为聚落公共活动最重要的载体，祠堂所在的位置通常会成为聚落街巷系统中最为重要的节点。而在大型宗族较少、散居宗族比例相对较高的聚落中，佛教、道教寺观以及民间信仰的庙宇，往往取代祠堂的地位，成为聚落中精神信仰、聚落文化和公共活动的中心，相应地其所在位置也就成为聚落街巷系统中的重要节点（图 1–15）。在传统社会晚期的一些乡土聚落中，商品贸易在聚落经济中已经占据较高的比重，甚至成为区域性的贸易集散地，聚落的公共活动与商品贸易的关联也日益提高。在这种情况下，商业会馆周边以及主要的商业街道也会成为重要的街巷空间节点。而在文教科举传统较浓厚的聚落中，书院及其邻近空间往往具有相当的重要性。

街巷空间中节点的重要意义通常会通过空间的形式语言加以强调。

最简单的是街巷局部尺度的放大，以容纳节点相关的公共活动。结合重要的公共建筑设置的节点空间，则通常与建筑界面的形态相结合，形成具有轴线、对称等空间秩序的小型广场，一方面便于公共活动的开展，同时也在视觉上突出了主体建筑的形象。此外，一些重要的节点空间，还会专门设置坊、廊、阁、塔等建、构筑物，进一步突出节点的重要性。

图 1–14　贵州安顺天龙屯堡巷口石桥（来源：王新征 摄）

图 1–15　广东潮州龙湖古寨街巷与天后宫（来源：王新征 摄）

02 张弛有道

总体上看，相对于当代城市以及欧洲传统城镇来说，中国乡土聚落中广场空间的重要性相对较低，规模较小，功能和形式的复杂程度也较低。但在实际的聚落建成环境中，空间结构亦有张弛的变化，外部空间"线"与"面"的对比也同样存在，并且其中也不乏广场空间功能和形式具有鲜明地域特色的实例。

2.1 乡土聚落广场空间

受传统时期农业生产方式的限制，中国乡土聚落通常规模不大，同时建筑的密度相对较高，一般较少留出面积较大的场地，这使得乡土聚落中广场空间的规模受到严格的限制。另一方面，今天通常被作为广场空间典型代表的欧洲传统城镇广场，与欧洲传统城镇的社会形态有密切的关系。城市中政治性和宗教性公共活动的发达，对开放性、较大尺度、能够容纳公众集会的公共空间提出了较高的要求。而在中国传统时期，无论是在城市还是乡村聚落中，公众性的宗教活动和政治活动都没有在公共生活中占据主体地位，这也在很大程度上阻止了较大尺度广场空间的出现。同时，宫殿、衙署、庙宇所附带的室外场地，往往被围墙所环绕，并不具备广场空间所应有的开放性。

在这种情况下，中国乡土聚落广场空间就其功能性和所容纳公共活动的性质而言，大致可以分为如下三种类型：

一是以交通集散功能为主的广场，一般位于主要道路的交叉口或者村口、桥头等重要的交通节点上。这类广场通常尺度不大，功能单一，形式简单，一般也较少有在广场形状和界面要素等方面的特殊考量（图 2-1）。

二是重要建筑周边设置的广场，例如庙宇、祠堂以及部分大型民居主入口前方的广场，除了具有交通集散的功能外，还能够容纳接待、祭祀、节庆等与建筑的功能相关的仪式性活动，同时也有利于展现建筑的整体形象，突出其重要性（图 2-2）。

三是以容纳商业活动为主要功能的广场，一般开放性较强，便于商业活动的展开。其具体的形式也较多样，有容纳草市、墟市等定期集市的开敞场地，有与庙宇的朝拜活动结合的庙会，还有由固定的店铺围合而成的广场。其中后者最为接近今天人们概念中的广场，在传统社会晚期商品经济发达程度已经较高的城乡聚落中较为多见（图 2-3）。

在乡土聚落中，广场空间形态的形成大致可以分为两种情况：一种是来自于街巷空间局部尺度的扩大和形态的变化；另一种则是来自于有意识地在聚落空间中营造开敞的室外场地的活动。

图 2-1 | 图 2-2
图 2-3
（来源：王新征 摄）

图 2-1　广东雷州东林村村口广场
图 2-2　安徽祁门渚口村倪氏宗祠及广场
图 2-3　云南迪庆独克宗古城四方街

2.2 闽南、潮汕厝埕

如前文中所述，中国乡土聚落的建筑密度通常较高，外部空间的形态以街巷为主，民居的大门大多直接开向街巷，富裕人家的大门，一般也仅能从街巷稍微后退以示庄重，只有祠堂等重要的公共建筑或者权贵之家的住宅才有可能在大门之前留出较大面积的室外场地。但也有一些地区，在民居建筑的入口处保留入口广场成为较普遍的做法，例如闽南以及受闽南文化和建筑形式影响较大的潮汕地区，就多在民居建筑主入口前方保留被称作“埕”的空地（图 2-4）。

闽南、潮汕乡土聚落中的民居以单层为主，其平面布局可视为正房和厢房两种基本单元围绕天井（闽南地区称“深井”）的组合。正房通常为南北向，三开间或五开间，中间是厅堂，用于接待客人或供奉祖先，两侧一般为卧室，当位于门厅两侧时则一般作为辅助用房。厢房一般为东西向，一开间或两开间，称作“护龙”或“伸手”“伸脚”。这两种基本单元能够形成丰富的组合。一正房两厢房组合成的三合院一般称作“爬狮”“下山虎”“三间张榉头止”“四房四伸脚”等，是不同地域的不同称谓，同时也比较直观地描述出建筑的规模（即开间数）。两正房两厢房组成的四合院称作“四点金”“三间张”“五间过”。更大规模的三进以上的多天井组合式民居则被称作“三落大厝”，一般在外围设置与厢房平行的护厝，并在各部分之间以回廊相连。有些大厝的最外一进以一组南北向的花厅院落代替护厝，从而打破了护厝呈现出的山墙面形式，在建筑外观上形成多开间的连续对称性组合，称作“转花厅”。在潮汕地区，大型的府第一般形态规整，且按

图 2-4
（来源：李雪 摄）

（a）福建漳州埭美村红砖大埕

（b）福建泉州漳里村蔡氏古民居石埕

照某些具有寓意的组合方式来进行单元的组合，例如“驷马拖车”“百鸟朝凰”等，均属于由以上基本型扩展或添加附属建筑而成的规模更大、也更为复杂的大型多天井组合式建筑群（图 2–5）。同时，大型的民居建筑群体，也常有在正面中心位置设置宗祠的做法（图 2–6）。

“埕”是闽南语方言，指的是民居正门之前的空地。厝埕（在潮汕地区称作“阳埕”）通常与建筑正面等宽，以石材或红砖铺设，也有使用三合土的。埕一面与主厝邻接，另三面通常有较低矮的围墙，称作“埕围”，多在两侧设门，大户人家还常在厝埕与主入口相对的位置设置照墙。也有护厝向前凸出于主厝的做法，对厝埕形成围合，近似于三合院的形式（图 2–7）。

闽南、潮汕乡土聚落中的厝埕，具有较高的空间开放度，与建筑群的天井有明显的区别。埕围通常较低矮，不遮挡视线，如果埕围高过视线，则一般会采用能够让视线穿透的构造形式，也有较小的厝埕不设围墙的。护厝向前延伸形成门楼的，空间形式通常也较通透、开敞。这就使得厝埕成为介于庭院和广场之间的空间，既维持了一定程度的私密性，又保持了视线的通透和邻里交流的可能性（图 2–8）。在实际的使用中，厝埕除了承担一些晾晒之类的实用功能外，更多是作为

图 2–5 | 图 2–6
图 2–7
（来源：王新征 摄）

图 2–5　广东普宁德安里

图 2–6　广东澄海观一村南盛里，中间为蓝氏通祖祠

图 2–7　广东澄海前美村永宁寨仁寿里

邻里日常活动的场所，同时在婚丧、祭祀等活动中也有一定的礼仪性作用。

图 2–8 广东揭阳甲东里门楼
（来源：王新征 摄）

闽南、潮汕聚落中厝埕形式多样、应用普遍，其原因与地域的自然、经济和文化环境有密切的关系。

首先，闽南、潮汕地区气候温暖多雨、光热充足、雨量充沛，民居建筑对通风、排湿的要求较高。同时因总体上地少人多，加之抵御台风和防御盗匪的需求，闽南聚落一般布局较为集中，居住密度也较高。在这种情况下，厝埕的存在对于改善相邻建筑乃至整个聚落的通风环境都有一定作用。

其次，闽南、潮汕地区在文化上有较为强烈的宗族意识，以宗族血缘为乡土社会中最为重要的联系纽带。相应地，乡土聚落中聚族而居的比重一直相对较高，家庭规模较大。在这种情况下，对较大的用于家族日常活动的室外场地有一定需求。

最后，更为重要的是，厝埕为闽南、潮汕民居建筑美学的充分呈现提供了可能。闽南、潮汕民居的单体形式通常为单层双坡屋顶建筑，一般并不采用高度上纵向发展的策略，选址一般也为平地，因此大型民居一般不以体量作为主要表达手段，而是强调正立面的连续性、对称性、色彩与装饰效果，以及不同方向屋脊曲线的层层组合。特别是对于规模宏大、布局复杂的闽南、潮汕大型多天井组合式民居建筑群来说，不同方向、不同高度的屋脊形成的错落效果成为重要的形式特征，加之对称的布局、深远的纵深、连续的立面、华丽的装饰，使其具有了与一般乡土民居迥异的美学效果，反而接近了传统官式建筑的审美表达，在闽南地区被称作“官式大厝”，民间俗称“皇宫起”（图

2-9）。明王士懋《闽部疏》中记载："泉、漳间烧山土为瓦，皆黄色。郡人以海风能飞瓦，奏请用筒瓦。民居皆俨似黄屋，鸱吻异状。官廨、缙绅之居尤不可辨。"[1] 而这种以连续的正立面和起伏的屋顶为主要特征的建筑审美，要求开阔的场地予以展现，因此厝埕的普遍存在就成为一种必然（图 2-10）。

图 2-9　福建泉州漳里村蔡氏古民居（来源：李雪 摄）

图 2-10　广东普宁德安里（来源：王新征 摄）

2.3 四川罗城古镇凉厅街

罗城镇位于四川省乐山市犍为县的东北部，距犍为县城约 25 公里，古镇所在地据记载曾为军事要冲，应与明、清两代政府派兵驻屯、制衡西南边陲少数民族有关。古镇的主体位于山丘顶端，以一条东西向的主街作为古镇的中心，街长 209 米，街面最宽处约 9.5 米，两侧为单层单坡的沿街廊檐，这种建筑形式川渝一带称之为"凉厅子"，古街也因此得名为"凉厅街"。又因古街两端窄、中间宽，鸟瞰形似一艘大船，故又被称为"船形街"。凉厅街始建于明代崇祯年间，成形于清代，其空间形态和公共活动方式至今仍保留着部分明清时期老四川的人文风貌（图 2-11）。

历史上，罗城古镇的民居以及沿街两侧的"凉厅子"，均为四川地区典型的穿斗式木结构建筑。在长期的历史变迁中，罗城古镇的民居大多已被新建建筑所取代，但凉厅古街的形态仍基本上保持完整。

[1]　王士懋，闽部疏 . 明宝颜堂订正刊本影印［M］. 台北：成文出版社有限公司 .1975:28.

图 2-11　四川罗城古镇凉厅街鸟瞰（来源：王新征 摄）

街面顺地形自西向东有一定坡度，且沿廊檐边沿设置排水沟，利于雨水的排除。街道中部设置戏台——万年台，为单层歇山顶木结构，传统上用于川剧等地方娱乐活动的演出，戏台后有石坊（图 2-12）。戏台底部架空，在分隔空间的同时保证了街道功能和视觉上的连续性。凉厅街东端有灵官庙，初建于清乾隆年间，供奉灵官菩萨祈求雨水，与街道的船形同样表达出地方悠久的祈水文化（图 2-13）。

凉厅街空间形态的形成，并非来自于通常意义上的农耕型聚落空间结构的自然演进，而是与其历史上的商业活动有关。明末清初时期，罗城的商品交易因所出产的煤炭和井盐而兴盛，成为周边区域重要的商贸中心。镇上原有南华宫（广东会馆），今建筑虽已不存，但保留

图 2-12

（来源：王新征 摄）

(a) 四川罗城古镇万年台

(b) 四川罗城古镇戏台与石坊

图 2–13　四川罗城古镇灵官庙（来源：王新征 摄）

下来的石狮是西南地区现存最大者，反映了历史上罗城地区岭南客家盐商的活动。商贸活动的兴盛，一方面对聚落公共空间的尺度、形式和内容产生了更高的需求，另一方面财富的积聚也使得较大规模的、有组织的以公共空间为目的的营造活动成为可能。

凉厅街的营建正是基于这样的背景。梭形的平面形态既维持了街道的线性形式，又为商业活动和伴随而来的休闲娱乐活动提供了空间。凉厅子所界定的廊下空间，适应了地域气候的需要，同时也加强了外部空间的识别性和领域感。街道中部的戏台，显示出伴随着商业的繁荣，聚落中宗教、文化和娱乐活动的频率和质量也达到了较高的水平（据考证，南华宫中原本也设置有戏台），也进一步说明了凉厅街的公共空间属性已经超越了单纯的商业性街道，而更近似于商业与休闲娱乐混合功能的城镇广场。

凉厅街历史上一直是罗城聚落空间和公共活动的中心。即使在当代聚落中的传统民居建筑大部分已不复存在的情况下，以凉厅街为中心的古镇传统公共生活方式仍在很大程度上得到了保留。按当地历史记载，凉厅街两侧原有很多老字号店铺，今皆已不存，代之以茶馆、餐饮店、网吧、歌厅以及各种售卖小百货的商铺。但这些商铺基本上

仍在承担为当地居民提供日常用品和生活服务的功能，而非如许多古镇中商业功能的服务对象已经转变为旅游者。同样的，凉厅子所界定的廊下空间，仍是容纳居民日常活动的场所。居民聚集在凉厅子下，喝茶、进餐、打牌、聊天，就像几百年来一直发生的那样。手机、电脑、游戏机等电子设备也为凉厅子里的生活增添了新的内容，使廊下出现了孩子们的身影，却并没有与古老的生活方式产生冲突（图 2-14）。在一些节庆日子里，古戏台上还会进行川剧表演，街道成为观演的场所。尽管像很多传统村镇一样，年轻人的流失几乎不可避免，但对于还生活在这里的人们来说，凉厅街在几乎最大程度地实现了传统公共生活方式的延续。

以凉厅街为中心，罗城古镇所实现的传统公共空间的保存和公共生活方式的延续，在全国范围内的传统村镇中来看也是非常突出的，特别是考虑到古镇的整体环境和物质遗存已经大部分不复存在的情况，这种公共生活的延续就显得尤其令人惊异，这与古镇所处地域的历史、文化、聚落和建筑等方面的特征有着密切的关系。

首先，地域的自然气候和社会人文条件适宜户外公共活动的发生。罗城镇所处的川西平原地区，气候温和，几乎终年适合户外活动。同

图 2-14　四川罗城古镇凉厅子下的活动（来源：王新征 摄）

时因气候湿润，室内日照、通风不足，较为潮湿，舒适性不及室外，从而为室外公共活动的发达创造了良好的条件。与北方地区不同，四川民居中即使有院落或天井，一般也是以满足通风、采光的功能需求为主，而不是作为重要的活动场所。此外，四川地区民风乐观，尚休闲，喜交际，茶馆、麻将文化发达，也使得提供公共交往功能的室外、半室外空间的利用率普遍较高。

其次，凉厅街空间的功能性设置较好地满足了户外公共活动的功能要求。中间宽、两边窄的梭形形态，削弱了交通属性，而强化了其可供停留和容纳公共活动的特质，使得空间属性从街道转换为广场。戏台横亘在街道中间，从功能模式（观演活动是静态性很强的公共活动类型）和空间模式上进一步削弱了其交通属性，有利于休憩、交往性公共活动的发生。凉厅子的廊下空间，能够遮蔽日晒和雨水，在地域的气候条件下提供了全天候的活动场所。凉厅子的宽度能够保证廊下的交通行为不对活动空间产生干扰，反而增强了行为方式的灵活性和随机性。廊下空间的地坪略高于街道，同样使交通行为和公共活动行为既保持了各自的独立，又具有一定的模糊性（图 2–15）。

最后，凉厅街的空间模式保证了其作为公共空间的功能具有一定的独立性，对聚落的更新发展造成的干扰和破坏也具有较强的容忍度。梭形的形态和凉厅子的连续性界面保证了空间的封闭性。凉厅街西端两侧凉厅子的廊檐顺山势自然闭合，形成空间的终点；而在街道东端，开敞的街口与依托地形高起的灵官庙相对，既实现了空间的封闭，又在尽端形成空间和视觉的高潮，同时使路径自然转向与外部道路相连接（图 2–16）。以

图 2–15　四川罗城古镇凉厅子与街道（来源：王新征 摄）

上因素的结合，使得以凉厅街为中心的公共空间在很大程度上从周边的城市环境中独立出来，形成具有相当封闭性和独立性的空间单元，成为中国传统时期城乡聚落中较为少见的以商业和休闲娱乐为主要内容的具有完整空间形态的广场实例。

图 2–16　四川罗城古镇凉厅街与灵官庙（来源：王新征 摄）

03 智者乐水

在传统农业社会，水是最重要的生产资源和生活资源。邻近稳定可靠的生活用水和灌溉用水来源，几乎是人口聚居和维持农业生产所必须具备的条件。因此，在很多地区，水在很大程度上影响甚至决定着聚落的选址、规模、结构和形态。同时，在中国传统文化中，水又不仅仅被视为环境、功能和景观要素，更具有重要的文化意义和象征意义。

3.1 乡土聚落水系和滨水公共空间

近代以来，伴随着人口的快速增长、环境条件的变化以及产业结构的变迁，无论是城市还是乡村，很多地方的水体面貌发生了巨大的变化。水面的缩减、水位的降低、水质的恶化、甚至河道整体被填埋或覆盖，都在极大程度上改变了水与人类、水与建成环境之间的关系。但如果将目光退回到传统社会末期之前，在乡土聚落发展和兴盛的时期，实际上几乎所有聚落的选址和营建都需要考虑到水的影响。发达的水系能够为聚落的农业生产提供稳定的灌溉水源；同时在传统社会的交通技术和基础设施水平下，水运是大宗货物最为便捷和低廉的运输方式，因此河网密布、水运发达地区的乡土聚落不仅仅能够成为交通往来的要道和商贸集散的中心，同时也能更充分地享受到技术和文化交流的成果；此外，对于聚落的营建来说，一方面，水上运输为木材、石材、砖瓦等建筑材料的跨地域低成本快速转运创造了条件，另一方面，砖瓦等建筑材料的烧制本身也需要消耗大量的水，从而无法远离河湖地区。作为上述诸种因素综合作用的结果，无论是在南方还是北

方，东部还是西部，河湖水系都会直接地影响乡土聚落的选址与营建（图 3-1）。

而在聚落内部，同样存在着建成环境与水体的关系问题。聚落内的水系，不仅需要满足浣洗衣物等日常生活的功能性需求，更承担着排除雨水和生活污水的职能，池塘等面积较大的水体，还具有消防和防洪的功能。同时，在夏季气候炎热的地区，聚落中的溪流、水塘，能够改善局部小气候，优化聚落景观环境。因此，在条件具备的地区，聚落营建过程中都会根据需要合理梳理既存的天然水体，辅之以人工兴建的溪流、水塘，称之为“理水”（图 3-2）。

图 3-1　广东澄海程洋冈村聚落与水系（来源：王新征 摄）

图3–2　浙江金华寺平村聚落水系（来源：王新征 摄）

除了实用性的功能外，在中国传统文化中，还为水赋予了文化和象征的意义。中国传统文化中处理建成环境与自然之间关系的堪舆术被通俗地称之为“风水”，就是最好的例证。风水观念一方面关乎城市、聚落、住宅、墓葬的选址和建设，代表了中国人心目中对理想化的居住环境的理解，另一方面界定了一种独特的人造物与自然之间的关系，是中国文化中自然观的集中反映。正是在这个意义上，水作为自然环境中与人的生产生活关系最为密切的要素，既体现了风水观念中的实用性需求，也承载了其玄学意义。晋代郭璞的《葬经》中说：“葬者，乘生气也。夫阴阳之气，噫而为风，升而为云，降而为雨，行乎地中，而为生气……气行乎地中。其行也，因地之势，其聚也，因势之止……经曰：气乘风则散，界水则止。古人聚之使不散，行之使有止，故谓之风水。风水之法，得水为上，藏风次之。”这是视水为生气的表现和载体。而各地乡土文化中，也多有将水视为财富的象征之类的观念。

与水在实用功能和象征意义方面的重要性相对应，滨水空间也受到更多的重视。滨水空间从实用性的角度来看具有更好的微气候质量和景观效果，从文化的角度来看则满足了人们亲近自然的心理需求，因此无论是建筑室内空间，还是外部公共空间，滨水空间都被赋予了

不可替代的重要意义。在各地乡土聚落中，能够看到大量公共空间与聚落水系相结合、公共活动与水关系密切的优秀实例。

3.2 浙江湖州南浔古镇百间楼

江南地区在气候上归属于亚热带季风气候区，雨量充沛，季风明显。在地形地貌方面，江南地区地处长江中下游平原，地势平坦，湖泊众多，河道密布，水运交通便利。自晋代至南宋，永嘉之乱、安史之乱、靖康之乱等中原地区的屡次大规模战乱，使北方汉族移民持续南迁进入江南地区，促进了江南地区的开发，农业生产和社会经济有了较大的发展，同时也通过长期围筑堤塘的活动形成了水乡地区典型的地貌形态。江南地区气候适宜，土地肥沃，加之历代农业水利工程的兴修，使江南地区成为重要的粮食产区，同时丝织、冶铁、制瓷、造纸等手工业也达到很高的水平，进而促进了商业和城乡聚落的发展繁荣，并形成了江南水乡聚落这一典型的滨水聚落形态。

江南水乡滨水地区的聚落，大体沿主要河道成带状、鱼骨状发展，以方便用水，并充分利用便捷的水运交通条件。规模较大、商业繁荣的水乡古镇，一般发源于水陆交通交汇之地形成的商业集市，聚落范围内常有多条河流与重要的交通道路穿过，聚落一般以这些河道和道路作为主要结构骨架，再延伸出巷道交织成网状。基于河流在江南地区日常生活和交通运输中的重要作用，加之景观方面的考虑，江南水乡聚落中一般对水体要素给予充分的顺应和利用。除前述河道对聚落空间结构的影响外，民居建筑的格局也多与河道相关，建筑方向一般顺应河道走势，轴线方向与河道垂直，因正房朝向仍以南北向为佳，大型宅邸会尽可能沿东西向的河道布置。典型的水乡民居往往夹于两河之间，门前有道路与河道相隔，形成前街后河的格局。住宅前、后均有驳岸、埠头通向河道，便于取水、浣洗和登船，呈现出水乡特有的建筑风貌（图 3-3）。大型住宅甚至跨河建造，河上架设带有屋顶的廊桥，称“暖桥”。

江南地区近代以来商品经济活跃，城市化程度较高，城乡聚落面貌发生了较大变化，原有的水乡风貌多已不存，但就现存的部分古镇、古村来看，仍能较好体现出传统江南水乡聚落的空间结构和形态（图 3-4）。与以河道作为主要骨架的空间结构相对应，聚落中公共空间的形式也以沿着河道两岸延伸的街巷空间为主，并通过桥梁将两岸的交通、空间和公共活动联结为一个整体。此外，江南水乡地区的河道大多可以行船，在传统时期，水上活动不仅具有交通意义，还部分承担着商业、娱乐和游赏的功能，在很多聚落中其重要性不亚于陆上的公共空间。同时，借助具有较强亲水性的驳岸，陆上与水上的公共空间和公共活动也被紧密地联系在一起，使得河道和两岸的街巷一起，成为一个大的城市客厅（图 3-5）。因江南地区雨水较多，夏季又较炎热，故河道两岸建筑多采用骑楼或翻轩的做法，为沿河街巷空间提供遮蔽，同时也形成了丰富多变的滨水空间界面（图 3-6）。

南浔古镇就是江南水乡古镇的典型实例。古镇位于湖州市南浔区，

图 3-3
图 3-4 | 图 3-5
（来源：王新征 摄）

图 3-3　江苏昆山周庄古镇滨水民居
图 3-4　江苏昆山锦溪古镇
图 3-5　江苏昆山周庄古镇

历史上以丝业闻名，丝商的豪富，带动了古镇大规模、高质量的民居建设，张石铭旧居、张静江故居、小莲庄等代表了江南晚清民居和园林的较高水平。而其滨水公共空间面貌的最集中体现则是百间楼。百间楼位于古镇百间楼河两岸，全长约400米，始建于明万历年间，因两岸傍河建楼百余间而得名。百间楼沿河民居大多为前店后宅，宅间设封火山墙，形成沿河道界面分布的优美韵律（图3-7）。民居沿河

图3-6 江苏苏州甪直古镇滨水翻轩
（来源：王新征 摄）

图3-7 浙江湖州南浔古镇百间楼民居群
（来源：潜洋 摄）

多设置骑楼和廊檐遮阳避雨，封火山墙也向前伸出至河岸，并设置券门，既保证了交通通行，又将连续的滨水街巷分成若干段落，更适合人的停留，同时也进一步引导视线，丰富了景观视野（图3-8）。沿河设河埠供两岸人家用水和洗涤，同时也方便船只停泊上下，将水陆空间连为一体。清嘉庆年间诗人张镇在《浔溪渔唱》一诗对此有生动的描写："百间楼上倚婵娟，百间楼下水清涟；每到斜阳村色晚，板桥东泊卖花船"（图3-9）。

图3-8 浙江湖州南浔古镇百间楼滨水空间
（来源：潜洋 摄）

图 3–9　浙江湖州南浔古镇百间楼与民居建筑群（来源：潜洋 摄）

3.3 安徽黟县宏村聚落水系

徽州地区在气候上归属于亚热带湿润季风气候区，梅雨显著，夏雨集中，新安江及其支流奔流其间，水运交通便利。在地形地貌方面以山地、丘陵为主，聚落营建选址多为山间盆地、谷地，因此徽州聚落总体上高度密集，并且非常重视聚落与周边山水环境的关系。清赵吉士在《寄园寄所寄》中谈到："风水之说，徽人尤重之。"[1] 从风水观念以及充分利用自然要素改善环境的角度出发，徽州聚落中注重对自然要素的利用和改造，树木、水体等自然要素都成为聚落空间的重要组成部分。特别是在理水方面，很多聚落中都有天然或人工兴建的溪流、水塘，既保证了聚落日常生活以及消防用水的需要，也能够改善局部小气候，优化聚落景观环境（图 3–10）。

受山形地势所限，徽州聚落的格局一般很少呈现规则的几何形式，而是表现出更为有机的形态。聚落中的街巷多顺地势或水系曲折蜿蜒，

[1]　出自《寄园寄所寄·卷十一　泛叶寄·故老杂记》。赵吉士．寄园寄所寄．卷下．上海：大达图书供应社．1935:279.

建筑的朝向和布局也相应地顺应街巷的走势和自然要素进行调整。但另一方面，与在无序状态下自发生长起来的聚落不同，徽州聚落的结构和形态往往是处于有意识的控制之下的。由于徽州聚落多为聚族而居的移民聚落，在聚落初创阶段和其后的发展中，宗族力量往往有较强的掌控力，会根据宗族发展的需要对聚落的结构、自然要素、公共空间、公共建筑以及民居建筑的格局进行合理的规划和控制。因此，徽州聚落中特别重视空间序列“起、承、转、合”关系的营造，例如在距离聚落不远的道路与水系交汇之处营建水口空间，通过在河上架桥、栽植水口林、营建亭阁和廊桥（图 3–11），强化水口空间作为聚落起点的意义。同时，在聚落水系的梳理和营建中，注重水体和滨水公共空间收放张弛的节奏，通过空间尺度的变化和对比来强化空间的丰富性，同时弱化聚落的高密度所带来的逼仄之感。在聚落理水方面，徽州的宏村就是一个典型的代表。

图 3–10　安徽歙县唐模村檀干溪及滨水空间
（来源：江小玲 摄）

宏村位于安徽黟县东北部，背倚雷岗山，其营建始于南宋绍兴年间汪氏始祖迁徙定居，至明万历年间才大体完成，前后历 400 余年，其后明清两朝又多有修建，方成今日面貌。宏村的营建过程，始终处于严谨的规划控制之下，而在此过程中对理水的重视，一方面源于汪氏祖先的风水观念，同时也与数百年间高密度环境下规

图 3–11　江西婺源思溪村水口通济桥
（来源：江小玲 摄）

图 3-12　安徽黟县宏村街巷与水圳
（来源：王新征 摄）

模不断增长的人口对水的需求激增有关。宏村水系以西溪水及雷岗山地下泉水为源头，人工修建的水渠蜿蜒曲折、穿村而过，全长近 1300 米，称作“水圳”。水圳与相邻住宅天井中的水池相连通，利于雨水的排除，也能够调节宅内微气候（图 3-12）。村中依托泉水，扩建成半圆形水塘，称“月沼”。水圳穿月沼后继续向南穿村而出，汇入村南的大型人工池塘——南湖。整个聚落中的公共空间与水系结合设置，水口架桥植树，是村落的入口，也是公共空间系统的起点；聚落中的主要街巷与水圳伴随而行；月沼是村内水系的中心，其周边也是聚落日常公共活动的中心，不仅居民日常的浣洗活动多汇聚于此，北岸的“乐叙堂”作为汪氏宗族总祠，也是聚落信仰活动的中心(图 3-13)；南湖是水面最为开阔之处，湖中设堤，沿岸建有南湖书院和大型宅第

图 3-13　安徽黟县宏村西溪、月沼、南湖与聚落（来源：王新征 摄）

（图 3-14）。整个聚落水系以牛为形，月沼为牛胃，南湖为牛肚，水圳为牛肠，体现了风水观念和农业社会耕读思想的影响。

图 3-14 安徽黟县宏村南湖、南湖书院及民居
（来源：王新征 摄）

3.4 井与桥

除了作为聚落整体结构骨架的河湖水系会形成与之伴随的公共空间系统外，水体系统中的一些重要节点也会对公共活动的频度和质量产生明显的影响，从而在很大程度上会改变公共空间的属性和品质，井和桥就是其中最为典型的例子。

井提供了稳定而洁净的生活水源，也是酿造等生产用水和消防用水的主要来源，是传统时期乡土聚落中最为重要的基础设施之一。大户人家会在宅院内设置自用的水井，而不具备条件的普通人家则只能使用公用的水井。高频度的日常使用也使得水井周边成为日常公共活动发生较多的场所，从而成为聚落公共空间系统中的重要节点。为了方便使用，水井一般设置于临近道路的开阔处，井边设井栏，地面以石板等材料硬化并设置排水设施，以保证安全、清洁和耐久。一些实例中还会在井的上方建井亭，并设置滑轮设施以便于取水（图 3-15）。

桥并非水体的一部分，而是道路跨越水体之载体。因为承载了无可替代的交通功能，因此通过桥梁的交通活动规模要远远超过普通的街巷道路，同时因其亲水性也会吸引人的停留、观景和休憩（图 3-16）。人的聚集总是会带来公共活动频度的提升，并吸引商业活动甚至信仰活动随之而来，最终使桥头成为功能复合度很高的公共活动空间。桥头空间通常会结合桥梁的修筑对地面进行硬化，结合桥梁护栏设置座椅，并种植大树遮阴，成为具有较高空间质量的公共场所（图 3-17）。南方多雨地区还常有廊桥的做法，进一步提升了桥作为公共空间的品质（图 3-18）。

(a) 浙江金华寺平村银娘井

(b) 陕西韩城党家村古井

图 3-15
（来源：王新征 摄）

图 3-16 安徽歙县昌溪村洋坑古木桥
（来源：江小玲 摄）

图 3-17 江苏昆山锦溪古镇溥济桥
（来源：王新征 摄）

图 3-18 湖南湘西凤凰古城虹桥（来源：王新征 摄）

04 仁者乐山

由于地形地貌和人口规模的限制，乡土聚落未必总是能够获得依山傍水的平坦用地，营建与山地丘陵之间的聚落也绝非罕见。山地聚落的空间结构和建筑群体形态与平原地区差异较大，并且相对来说公共空间与建筑之间的关系往往更为密切。在地形较陡峭的山地聚落中，沿等高线交错排列的乡土建筑和外部空间往往形成令人印象深刻的空间意象。

4.1 山地聚落公共空间

如果能够选择，所有的乡土聚落都有可能倾向于选择靠近水源的平坦用地建设，传统的风水观念，更是明确给出了关于聚落营建理想环境的解答。但在现实中，并非所有乡土聚落都有机会获得这样理想的场地环境。中国地形复杂多样，总体上看，山地多，平地少，高原、山地、丘陵约占国土面积的 2/3。而在今天所见的乡土聚落大规模营建的明清两朝，中国人口规模已较为庞大，明代人口的峰值据估计已近 2 亿，清代人口在鸦片战争前已突破 4 亿。相对于庞大的人口基数来说，适宜居住的平坦用地总体上是较为有限的。同时，传统社会以农业为主的产业结构对聚落的营建也有很强的限制作用。一方面，分散的农业生产限制了聚落的规模，聚落人口增长到一定程度后，即使周边仍能够提供可供耕作的土地，也会因为与居住地距离过远而不便耕种，这就使得人口和建设用地不可能有很高的集约化水平。另一方面，对农业的重视和依赖意味着邻近水源的平坦土地要优先用于耕种，而非用于居住，这进一步限制了聚落营建的场址选择。事实上，在很多乡土聚落实例中，确实有将农田设置于平地，而将聚落设置于相邻山地、丘陵地带的做法（图 4–1）。

此外，除了客观条件限制下不得已的选择外，也有一些聚落选择营建于山地、丘陵之间是出于主观的意愿。例如出于回避族群冲突的考虑，相关的实例在云南、贵州等地的少数民族聚落中较为多见，在一些地区的客家聚落中也有体现。又例如失意官员为规避政治风险迁族避世时，也往往会主动选择交通条件较差的山地、丘陵环境。此外，在受到水患、匪患侵扰较为严重的地区，也有将聚落营建于地势较高处以增强防洪或防卫能力的做法（图 4–2）。

因此，总体上看，在传统时期的乡土聚落中，选择山地、丘陵地形营建的做法并不少见。固然可以认为选择依山傍水、交通便利、土地肥沃的环境营建聚落是传统营建文化中相地择地传统的体现，代表了一种趋利避害、顺势而为的文化观念，但从另一个角度来看，在受到自然条件限制的情况下，充分利用有限的空间资源，最大限度地满足聚落的基本功能需求和空间环境质量，也是传统文化中因地制宜、

图 4–1　山西阳泉官沟村聚落与农田（来源：王新征 摄）

物尽其用观念在聚落营建中的体现，并且往往更能体现营建者的巧思。事实上，今存的山地环境乡土聚落中，也有很多建筑与地形巧妙结合的优秀实例，既满足了基本的功能和空间需求，也充分体现了山地环境的特点与优势。

图 4-2　江苏徐州户部山古民居，为避黄河水患择高处营宅（来源：王新征 摄）

在公共空间的营造方面，总体上看，山地聚落受地形限制，公共空间的尺度通常不大，广场等水平展开的公共空间类型较难出现。同时山地聚落一般交通条件较差，商品交易不甚发达，聚落中水体等自然要素与建成环境的融合度较低，因此公共空间的功能和形态也受到一定限制。但另一方面，山地环境也提供了平地所不具备的、在垂直方向上组织公共空间系统的机会，良好的细节处理往往能够带来出乎意料的空间效果，公共性和私密性的关系和界限也与平地聚落有不同的表达。同时，中国乡土建筑总体上以一层或二层为主，层数不多，因此聚落天际线整体景观效果通常表现得较为平淡，而山地聚落通过建筑与山地、丘陵等自然地势的结合，大大丰富了民居建筑群体性体量表达的内容，具有更为强烈的视觉表现力，这也会提升公共空间系统的视觉品质（图 4-3）。

4.2 黄土高原窑洞聚落

窑洞聚落主要分布在山西、陕西、河南等省份、归属于黄土高原及其边缘黄土地貌分布比较广泛的地区。这一区域地表为厚层黄土广泛覆盖，地形起伏，地貌类型复杂多样，山地、丘陵多，平原少，平地稀少且面积多较狭小，加之人口密度总体较高，使得山地、丘陵、台塬、沟壑等地貌皆用于耕作和居住，客观上促进了山地聚落形式的产生和普及。同时从大的选址和格局来看，聚落依山而建，将滨水的平地留给农田，在缺少平地的山地、丘陵地区也是顺应自然的聚落组织方式（图 4–4）。

窑洞聚落的民居，早期以靠崖窑为主，当砖瓦烧制技术和砖砌建造技术普及，砖的生产成本降低，基于砖相对于生土在耐久性，特别是水浸条件下的强度和耐久性方面所具有的优势，在经济条件允许的情况下，原有的靠崖窑逐渐被砖锢窑所替代。窑洞民居的平面组织以数个窑洞一字排开并联成一排作为基本形式，经济条件一般的人家，窑洞多不围合或仅以院墙、篱笆围合院落。每户一般是三孔或五孔并联，彼此之间连通。也有更多数量窑洞的排列，分组连通。各户之间一般顺应地形，沿等高线布置，上下顺坡度排列数排、成台阶状层层后退，下层窑洞的屋顶就是上层民居的庭院，且院落之间往往互相连通，成为邻里公共活动的场所（图 4–5）。正如清祁韵士在《万里行程记》中所记载："两面山势绵亘，汾水径其中如带，山上村居，楼阁层叠，宛如图画。"[1] 因窑洞民居单向采光，对朝向要求较高，因此多布置在南向山坡，或沿南向沟壑两岸建造。对于经济状况较好、

图 4–3　北京门头沟爨底下村山地聚落
（来源：王新征 摄）

图 4–4　山西吕梁彩家庄村聚落与农田
（来源：王新征 摄）

[1]　祁韵士. 万里行程记. 银川：宁夏人民出版社 .1987.

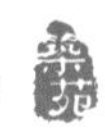

图 4-5　山西碛口李家山村窑洞聚落（来源：王新征 摄）

人口较多的大家庭来说，单纯依靠线性排列的形式难以满足居住空间的需求，同时这种过于简单化的格局也不利于家庭生活的组织。因此，往往将主要的功能空间包括厅堂、卧室、厨房及辅助空间，皆以砖锢窑的形式围绕院落，布置成三合院或四合院的形式。当聚落中因商业经营或土地兼并出现豪门大户，因对居住空间的规模和复杂程度有更高要求，导致建筑的空间组织方式向垂直化发展，形成二层甚至多层的“窑上窑”；或在砖锢窑的屋顶上方建造木结构房屋，形成了“窑上楼”的建筑形式。同时通过局部地形的填挖，将前后排民居组织成合院形式，形成“台院”式民居。大型的台院式砖锢窑民居表现为围绕多个院落的组合，一般通过正房两侧的楼梯连接上、下层。尽管单个院落一般为中轴对称的形式，但整个建筑群体多顺应山势灵活布局（图 4-6）。

图 4-6　山西碛口西湾村窑洞聚落（来源：王新征 摄）

在窑洞聚落中，尽管由于平地较少，居住

密度较高，很少专门营建大尺度的公共开放空间，但窑洞民居的屋顶大多并不设置封闭性的围护，从而具有较强的公共性。无论是靠崖窑民居还是砖锢窑民居一般都采用平屋面，窑顶以方砖、条砖铺墁，也有仅以素土夯实的，设排水口，可供晾晒、休憩或邻里活动之用（图4-7）。不同标高的公共空间之间能够通过楼梯相联系，形成散布于聚落民居之间、尺度适宜邻里交往的公共空间系统。从整个聚落来看，窑洞民居和公共空间沿着坡地等高线交错排列，形成与平地聚落迥然不同的公共空间结构（图4-8）。同时，在窑洞聚落中，庙宇等重要公共建筑往往也采用窑洞或窑房结合的形式，顺应地形布局，成为聚落公共空间系统中的重要节点（图4-9）。

4.3 徽州山地聚落

徽州地区在地形地貌方面以山地、丘陵为主，平地多为山间的盆地、谷地，且面积多较狭小，如《天下郡国利病书》中所言："徽之为郡，

图4-7|图4-8
图4-9
（来源：王新征 摄）

图4-7 山西吕梁彩家庄村砖锢窑窑顶
图4-8 山西汾西师家沟村窑洞聚落
图4-9 山西碛口寨则山村观音庙、关帝庙、三官庙、五道庙、河神庙

在山岭川谷崎岖之中”[1]（图 4-10）。在地狭人稠的总体状况下，虽然大多数徽州聚落仍能选址于山间狭小平地，但也有不少不得不选择山地、丘陵地带营建的实例。

通常情况下，徽州民居的营造体系是典型的木构架砖砌空斗围护墙体体系。但是在山地聚落中，一方面烧砖取水取土不易，另一方面交通闭塞，外部建筑材料也较难大宗输入，因此民居营造多因地制宜，采用地域的本土建筑材料，至今仍保存着一些采用原生性围护墙体做法的民居实例，例如歙县深渡镇阳产村的土墙屋，休宁县汪村镇石屋坑村、岭脚村等地的石屋、树皮屋等。而在聚落整体结构和公共空间形态方面，因需要适应山形地势，聚落的格局相对平地聚落来说更少呈现规则的几何形式，街巷多顺地势曲折蜿蜒，建筑的朝向和布局也相应地顺应街巷的走势和地形坡向进行调整（图 4-11）。同时即使是大型宅第和重要的公共建筑，布局总体也较自由，轴线、对称的手法通常仅限于局部，且对公共空间的秩序影响较小。

以江西婺源篁岭村为例，篁岭村位于婺源东北部的石耳山中，村

图 4-10　安徽祁门石屋坑村聚落环境（来源：王新征 摄）

[1]　出自《天下郡国利病书·凤宁徽备录·徽州府·徽州府志·形胜》。顾炎武 . 顾炎武全集 13. 上海：上海古籍出版社 . 2011:1012.

图 4-11 安徽祁门岭脚村街巷（来源：王新征 摄）

落于明宣德年间由曹姓祖先所建，民国时期全村大部分建筑毁于火灾，今天所见建筑均为其后代重建，近年来篁岭村迁出原有居民，进行整村旅游开发，功能性质发生改变，但聚落整体结构和公共空间形态总体上仍维持了传统时期的状态。篁岭村为山地环绕，农田主要分布于聚落南向河谷邻近水源且坡度较平缓的地带，修建为缓坡梯田形态。聚落主要建筑均围绕水口，顺山势成环抱形态分布，水口植红豆杉林，在形态上成为聚落的中心（图 4-12）。民居建筑沿等高线排列成线状，垂直等高线方向上则大体表现为民居建筑与街巷的交错排列，二层的民居建筑前后均设门，开向不同标高的街巷，空间错落，变化丰富，充分体现出山地聚落的空间特征（图 4-13）。

图 4-12 江西婺源篁岭村聚落及水口林（来源：江小玲 摄）

图 4-13 江西婺源篁岭村山地聚落（来源：江小玲 摄）

4.4 少数民族山地聚落

今天所见的中国各地乡土族群、文化、聚落和建筑的分布状况，并非是自古以来一成不变地从地域性的自然地理条件中生发并延续下来的，而更多是伴随着不间断的人口迁移活动，族群之间、文化之间不断碰撞和融合的结果。在这个过程中，族群之间、文化之间的力量对比，历史上也曾多次反复发生过。但就南方地区少数民族分布较多的诸省来看，在今日所见的乡土聚落大规模营建的明清时期，少数民族相对于汉族的力量对比和文化态势总体上是在不断弱化的。特别是明洪武年间初创了卫所制度，其中北方边疆、西南边疆和东部海疆地区设立的卫所均具有戍边性质，卫所军士皆划为世袭的军籍，由国家分配土地，屯田自给。清雍正时期“改土归流”（废除少数民族区域的世袭土司制度，改由中央政府任命的流官进行行政管理）以后，也在西南云、贵地区屯垦。卫所涵盖了防卫、治安、屯垦、建设等综合职能，也强化了官方主流文化对地域文化的压制和渗透。同时，西南地区开展大规模“改土归流”后，汉族人口开始较大规模地迁入少数民族地区；雍正时期普遍实行“摊丁入亩”（将丁银并入田赋征收，即废除人头税，并入土地税）后，客观上削弱了国家对农民人身的束缚；新的农作物如玉米、番薯、马铃薯等的广泛传播和种植，扩大了可利用土地的范围，使得原本气候、地形复杂的丘陵、山地都成为移民垦殖的对象。清代前期的湖广（包括来自湖南、湖北、广东、江西和福建的移民）填四川政策，使因张献忠、吴三桂等变乱损失惨重的四川地区人口得到了补充，[1]移民的一部分人口也进入到毗邻的陕南、鄂西、湘西、云贵等地区；[2]在这个过程中，文化之间不断交流和融合，但民族之间、族群之间的碰撞和冲突也表现得非常明显。政治、技术和文化上都处于弱势的少数民族被不断从原有的肥沃土地上挤压出去，其聚居地逐渐集中于更为偏远、闭塞同时自然条件也更加恶劣的山地地区。在这个过程当中，文化上较为开放、与汉族文化之间交

[1] 曹树基，等. 中国移民史（第 6 卷）. 福州 : 福建人民出版社，1997:68-118.
[2] 曹树基，等. 中国移民史（第 6 卷）. 福州 : 福建人民出版社，1997:119-173.

流和融合程度较高的族群，会占据与汉族移民区域较为接近的、自然环境相对较好的丘陵和浅山地区，并且成为汉文化区域与少数民族文化区域之间的缓冲。这种状况，在贵州黔东南地区的汉族、侗族、苗族区域，两湖地区西部的汉族、土家族、苗族区域，以及云南、四川、广西等省份民族交融区域的民族地域分布中表现得比较明显，在广东、福建、江西等省的客家族群的分布中也有一定体现。具体到本书的研究内容来看，在这些区域的山地地带的很多少数民族村寨，一定程度上正是民族和族群文化之间碰撞的产物（图 4–14）。

这类少数民族山地聚落，所处环境气候、地形地貌等自然条件复杂，资源经济条件差异大，文化多样性强，木材、生土、石材、竹材等原生性建筑材料应用普遍。民居建筑总体上看形态较为原始，规模较小，功能空间格局简单，营造方式也较质朴。在聚落整体结构和公共空间方面，建筑通常沿等高线简单排列，公共空间形式以线性的街巷空间为主。因佛教、道教等制度性宗教不甚发达，精神信仰方面以地域性的民间信仰为主，加之家庭结构一般也较小，聚落中大型的公共性信仰空间较少。同时较大规模的专门化的商业类和文教类公共空间也不甚发达，聚落中的公共空间类型以与农业生产和聚落日常生活关系较密切的小尺度空间为主。

以贵州黔东南的西江苗寨为例，西江苗寨位于黔东南苗族侗族自治州雷山县东北部，背倚雷公坪，白水河穿寨而过，全寨包括 12 个自然村寨，1200 余户，是目前最大的苗族聚居村寨，被称作“西江大寨”。西江苗寨聚落中的民居建筑形式大多为干栏式吊脚楼，体量不大，式样简单，但从整个聚落来看，吊脚楼的分布从山脚河谷地带开始，沿山势向上逐渐升高，直至山脊，与地形充分

图 4–14　湖南花垣十八洞村苗族山地聚落
（来源：王新征 摄）

图 4–15 | 图 4–16
图 4–17
（来源：王新征 摄）

图 4–15　贵州黔东南西江苗寨山地聚落
图 4–16　贵州黔东南西江苗寨聚落及滨水公共空间
图 4–17　广东连南南岗古排山地聚落

结合，形成令人印象深刻的聚落群体景观（图 4–15）。从公共空间的位置来看，沿山体向上部分大体为民居、粮仓、晾禾架等生活性建筑，公共活动和公共空间主要分布于白水河河谷两岸，与水源和农事活动在聚落日常活动中的重要性相适应。西江苗寨近年来因旅游开发缘故，滨水公共空间的形式和尺度渐趋失控，但从与其他苗寨的对照来看，仍大体能体现苗寨聚落以芦笙场及桥梁、古树为中心的公共空间格局（图 4–16）。

广东连南的南岗古排是另一个少数民族山地聚落的例子。历史上，粤北地区瑶族按照民族文化和居住特性可以分为排瑶和过山瑶，排瑶聚族定居，社会组织较严密，建筑形式是土墙或砖墙瓦屋，过山瑶迁徙散居，民居建筑形式以茅舍板屋为主。南岗古排位于连南瑶族自治县三排镇，鼎盛时期有民居 700 余栋，是目前规模最大的瑶族聚居村寨。聚落中民居建筑的形式以砖木结构的并联排屋为主，一定程度上显示出受到周边汉文化区域建筑形式的影响，但总体上体量不大，功能格局较简单。整个聚落依山而建，民居成排整齐布置，沿山势平缓上升（图 4–17）。与很多山地聚落尽量减小街巷与等高线的角度以获得较平缓的坡度不同，南岗古排的主要道路大体沿与等高线垂直的方向，以石阶形式上升，强化了防御性，也具有较强的礼仪性特征。沿主要街道设置了寨门、歌堂坪等主要公共空间，以及用于引水的竹水笕、储水石槽、水舂等与聚落生产生活关系密切的设施，酒坊、豆腐坊、榨油坊等小型的加工作坊也大多沿主路布置，街道转折之处的空间形式丰富。通往各户的小路则由主路分出，与等高线平行设置，使得宅前平坦开阔（图 4-18）。此外，聚落中的主要公共空间还包括瑶练屋、瑶王屋等。位于古排最高处、正对主要道路的南岗庙，供奉盘古王夫妇，是聚落精神信仰的中心（图 4-19）。

图 4-18　广东连南南岗古排主要街道空间（来源：王新征 摄）

图 4-19　广东连南南岗古排南岗庙（来源：王新征 摄）

05 稼穑艰难

传统中国社会是农业社会，农业生产活动不仅决定着聚落的选址和规模，对聚落的整体结构和民居建筑的布局也有着显著的影响。同时，乡土聚落中的公共活动，除了与农事相关的日常活动外，重要的仪式活动中也有相当部分起源于农事活动，或者是与农业生产的某些环节密切相关。这一点也体现在公共空间的位置、功能和形式当中。

5.1 乡土聚落农事类公共空间

传统中国历代均以农业立国，高度重视农业生产。农业不仅是社会财富和政府税收的主要来源，同时粮食主产区高效的农业产出以及在粮食产区和政府所在地之间低成本持续调运粮食的能力，是古代中国中央集权制的统一国家长期稳定存在的基础，特别是在大多数朝代政治中心和粮食生产中心（以及经济中心）并不在一个区域内的情况下显得尤为重要。因此，历代中央政府一方面通过政策（重农抑商等）保证农业生产的稳定，另一方面在文化上塑造以耕读为核心的主流文化价值观。总体上看，这种耕读文化一直到传统社会晚期仍然是全国大部分地区乡土聚落的基本文化价值，也是理解乡土文化、乡土聚落和乡土建筑的基础（图 5-1）。

这种农业生产对乡土聚落从物质基础到精神文化全方位的影响和决定作用也会反映到乡土聚落的结构、形态和公共空间系统中去。例如，农业生产条件限制了聚落所能达到的最大规模，当支持人口所必需的农田与居住地之间的距离远至开始超出步行可以往返的距离时，聚落的规模就达到了所能容纳的极限，在作物的单位产量有显著提升或是交通工具有显著改善之间，聚落人口的增长只能以拆分和迁移的方式来解决。再比如，如本书前文中所述，农业生产对地形和水源的要求在很大程度上决定了乡土聚落的选址和基本格局。当土地资源有限的情况下，尽可能地将靠近水源的平坦土地留作农田也是大多数乡土聚落营建的基本共识。

而在乡土聚落的公共活动和公共空间方面，首先，农事活动本身就是乡土聚落中最重要的日常活动。在传统时期，农事活动实际上占据了乡土聚落日常生活的绝大部分内容，因此，农田以及承载农事活动的其他外部空间本身也就成为聚落中日常活动最重要的载体。其次，传统时期的节日庆典等仪式性活动大多都起源于某种日常生活活动，在长期的生产生活实践中逐步确立下来并被赋予某种精神或文化意义，这当中就有相当一部分起源于农事活动，包括各类与节气相关的庆典活动，起源于春种、秋收等农事环节的仪式活动，以及祈雨等与农事相关的信仰或祈禳活动等。这些活动也均需要相应的公共空间作为载体（图 5–2）。

图 5–1　陕西韩城党家村耕读第砖雕匾额
（来源：王新征 摄）

图 5–2　北京门头沟三家店村龙王庙
（来源：王新征 摄）

5.2 农事、自然与聚落

鉴于传统社会中农业生产所具有的无论如何强调都不为过的重要影响力，农事与聚落的关系绝不仅仅局限于聚落内部，而是涉及人与自然的基本关系。为了获得适于农业生产的平坦肥沃的土地，先民们

从刀耕火种开始，借助工具和技术的进步，一代代不断将丛林逐渐转变成可供耕作的土地。并且随着改造自然能力的日渐增强，将耕地的获得来源扩展到更多的自然地貌类型上去，例如通过围筑堤塘的方式，将湖泊和沿海滩涂改造成耕地。从当代的生态主义看来，这种行为也许在很大程度上破坏了原有的自然生态，但从人类社会进步和发展的视角来看，这些都曾经是人类改造自然以获取空间和资源的丰功伟绩。同时，为了获取农业生产所需的稳定水源，历代中央和地方政府不断组织农业水利工程的建设，都江堰、郑国渠、它山堰、坎儿井，这些历史上著名的农业水利工程，甚至在宏观尺度上改变了区域整体的环境、资源和经济格局。而遍布田间的灌排渠系，更是灌溉农业不可或缺的基础设施。而所有上述人类改造自然的活动，在为农业生产提供条件的同时，也在整个自然环境中留下了不可磨灭的痕迹，极大地改变了地球表面的植被、水体乃至地形地貌状况（图 5–3）。甚至可以不夸张地说，今天当我们讨论聚落、人与自然的关系时，所提到的自然早已不是本来状态下的原始自然，而是已经在很大程度上被人类活动所改造过、适应人类生息繁衍需求的“第二自然”，而在传统社会晚期之前，这种改造自然活动最主要的动机，就是农业生产。

就聚落的整体环境和空间结构而言，农田水利建设是最为普遍的影响因素。商周时期的井田、灌溉渠道和道路贯穿田间，在便利农业生产组织的同时也进行了最为原始的土地划分。在其后的农业发展中，各地都结合本地域的自然气候、地貌水文、人口资源和经济制度特征，创造出具有地域特色的农田形式，例如江南地区的圩田、江汉平原的垸田、珠江三角洲地区的基围等。从本书的角度看，这些活动虽然不是以公共空间的营造为直接目的，却为聚落的定居模式和空

图 5–3　广东雷州地区聚落、农田与地貌
（来源：王新征 摄）

间结构确立了基本的背景，从而影响到乡土聚落中从居住建筑、公共建筑到外部公共空间的几乎每一个方面。并且，在一些实例中能够看出，这种农业生产方式和农田形式能够直接地影响聚落的空间结构和形态，并进而直接导致了极具地域特色的乡土聚落空间形态的形成。

川西地区的林盘聚落是其中一个例子。林盘是川西平原地区的一种聚落形式，若干座院落式民居形成居住组团，周围环绕以高大的乔木和竹林，形成嵌入到农田之中的绿色岛屿，通常还有河流或灌渠环绕或穿过（图 5-4）。林盘的规模一般不大，历史上多为宗族聚居，以几户或十几户为多，林盘之间距离以两三百米为主，如清王培荀在《听雨楼随笔》中说："川地多楚民，绵邑为最。地少村市，每家即傍林盘一座，相隔或半里，或里许，谓之一坝。"[1] 林盘所具有的高密度散居聚落的特征，是与依托于灌溉水利工程所形成的高产量的稻作农业模式相联系的（图 5-5）。川西平原地区优越的自然气候条件、肥沃的土壤、历代水利工程和灌溉系统的建设，保证了粮食的高产，进而支持了较高的人口密度。在这种情况下，林盘的小规模、高密度散居的居住模式和人地关系，将聚落和农田紧密地联系在一起，保证

图 5-4　四川成都鱼凫村罗家院子林盘（来源：王新征 摄）

[1]　王培荀．听雨楼随笔．成都：巴蜀书社，1987.

了以家庭为单位的农业生产的高效率运作。而林盘结合居住、农业生产、聚落生活、景观生态为一体的营建模式，也在长期的生产生活实践中改造了川西平原地区的自然景观模式，形成聚落与自然高度一体化的农业景观（图 5-6）。

另一个具有类似意义的实例是云南红河的哈尼梯田。梯田作为一种农业生产形态，在中国乃至世界范围内的山地农业地区普遍存在，而哈尼梯田作为其中的典型范例，将梯田所体现的山地农业聚落中自然、聚落与农业生产之间的关系表达到了极致的程度。哈尼梯田分布于云南红河哈尼族彝族自治州红河、元阳、绿春、金平诸县红河南岸的哀牢山区海拔 1400 ～ 2000 米的上半山区，历史悠久，规模宏大，利用山势落差，形成从山脚到山顶数百至上千、最多达到三千余级的梯田景观（图 5-7）。哈尼梯田这一独特的大规模农业景观的形成，是建立在哈尼族在长期的定居与农业生产实践中形成的对地域环境条件的深刻认识基础之上的。梯田所处的哀牢山区，因高差较大，气候的垂直变化明显，下层的河坝峡谷地带炎热干旱，上层的高山地区寒冷湿润、降水量大。哈尼族梯田和聚落的格局正是适应了这种气候分布的状况，下层较热的区域为梯田，充分利用光热，提高产量；中层气候较舒适的区域为村寨；上层湿冷区域保留森林，涵养水源。同时，

图 5-5 | 图 5-6
图 5-7
（来源：王新征 摄）

图 5-5　四川成都和众村农田与林盘
图 5-6　四川成都尚合村林盘聚落
图 5-7　云南红河元阳县梯田与聚落

哈尼人建设了复杂的沟渠灌溉系统，高山森林地带的降雨通过森林的涵养和净化，以溪流、山泉的形式流入村寨，为聚落提供生活用水和水磨、水碾等水利工具所需的动力，再通过天然和人工沟渠汇入下层的梯田，并最终流入红河（图 5–8）。从而形成稳定、高产的山地稻作农业生态系统，并支持了红河哈尼族聚落相对较高的人口密度和发达的聚落体系。相应地，哈尼聚落的空间结构和公共空间体系也都与这种独特的农业生态模式联系在一起，例如村寨上方用于祭祀和祈福的“寨神林”，寨脚用于晾晒、歌舞的“磨秋场”，作为聚落中最为重要的公共空间，实际上也是整个农业生态系统“森林—村寨—梯田”关系在聚落中的映射与浓缩（图 5–9）。

图 5–8　云南元阳阿者科村沟渠与水碾房

（来源：王新征 摄）

(a) 云南元阳阿者科村寨神林

(b) 云南元阳箐口村磨秋场与祭祀房

图 5–9

（来源：王新征 摄）

5.3 农事活动、设施与空间

农事活动自身有对设施和空间的需求。传统农事活动的主要环节，包括耕地、施肥、播种、田间管理、收割、收获、贮藏等，其中大多数环节都发生在田间，并不需要额外的空间，但收获和贮藏环节发生在聚落建成环境范围内，不仅需要使用一定的设施，同时对于空间的规模和质量也有一定的需求。基于农事活动在乡土聚落生产生活中所占据的重要地位，这些以农事活动为主要功能的空间也成为聚落公共空间系统中重要的组成部分。

在农作物的收获环节，最重要的任务是解决晾晒问题，降低粮食中的水分，以达到可以贮藏或进行下一步加工的程度，避免霉变或生虫。即使在今天，采用薄摊勤翻、挑沟扒垄的方式晾晒，仍是很多粮食品种常用的处理方式，而在没有烘干设备、仓储条件也较差的传统时期，自然晾晒更是粮食生产中至关重要的环节，特别是在气候潮湿的南方地区。晾晒粮食的晒场，一方面要求一定的面积，同时还要具备硬质的地面，或以其他方式隔绝土壤的潮湿。此外，为了便于翻动和看护，晒场一般不能设置于距离村寨太远的地方，很多时候甚至位于聚落的中心地带。这种用于晾晒粮食的场地在乡土聚落特别是南方聚落中普遍存在（图 5-10）。因为晒场通常处于村前或村落中心交通便捷的位置，地面平整、干燥，有不被遮挡的阳光，在潮湿的气候里提供了较为舒适的环境，因此不仅在收获季节是整个聚落公共活动的中心，在其他时间里往往也是重要的公共活动空间（图 5-11）。在一些聚落中，晒场还会和池塘以及重要的公共建筑结合起来，一起形成聚落的核心公共空间。

图 5–10　贵州花溪镇山村院坝晒场

（来源：王新征 摄）

在传统时期，收获是重要的节日，在很多地区都有与之相关的节庆活动，这些仪式性活动往往也围绕晒场来展开。这就使晒场从纯粹的功能性空间，变成了具有很强仪式性的场所。由于乡土聚落公共空间的数量和规模有限，专业化程度较低，因此晒场也会容纳与农业生产

图 5–11　山西榆次后沟村窑顶晒场

（来源：王新征 摄）

无关的节庆活动。特别是在很多少数民族聚落中，用于歌舞表演的场地，往往也是从晾晒粮食的场地发展而来，并逐渐演变为聚落公共空间的核心，例如连南瑶族聚落的歌堂坪，黔东南苗族聚落的铜鼓坪、芦笙场，红河哈尼族聚落的磨秋场等（图 5–12）。

在因空间有限无法获得足够面积的晒场，或地面潮湿不适合晾晒，又或者一些农作物品种不适合采用地面平摊晾晒方式的情况下，也有采用辅助性的设施或器具的晾晒方式。本书前文中提到的江西婺源篁岭村，其独特的“晒秋”景观，就是因为山地聚落地形复杂，难以获得集中的平坦晒场，只能通过将民居三层作为晒楼，搭建晒架、放置晒匾来获得零散的晾晒空间（图 5–13）。黔东南苗族聚落中用于晾晒的禾晾，同样也与山地聚落缺少平坦场地有关（图 5–14）。而云南迪庆藏族聚落中的青稞架，一方面是因为青稞需要较长时间的暴晒，另一方面则是为了防止散养的牦牛等牲畜啃食（图 5–15）。此外类似的农业加工或仓储设施，还包括新疆吐鲁番地区用于晾制葡萄干的晾房，以及各地乡土聚落中普遍使用的水力或畜力粮食加工设施包括磨坊、水舂、碾房，以及苗族等少数民居聚落中集中设置的粮仓等。这些农事设施都是聚落空间结构中的重要节点，其独特的形式也在影响着整个聚落公共空间的属性和品质（图 5–16）。

图 5–12　广东连南南岗古排瑶族聚落歌堂坪
（来源：王新征 摄）

图 5–13　江西婺源篁岭村晒楼、晒架、晒匾
（来源：杨茹 摄）

在农业之外，各地乡土聚落中往往还有一

些地域性的生产活动，例如捕捞、养殖、酿造、烤烟、制陶、烧砖等等。这些活动与农业一样，作为聚落产业结构中的重要组成部分，与聚落生产生活之间关系紧密，其相应的空间载体也是整个乡土聚落公共空间系统重要的组成部分。例如珠三角、长三角地区传统的水产养殖与桑蚕业混合的产业形态——桑基鱼塘，如同前文中的川西林盘、哈尼梯田一样，形成了独特的与地域自然地理和资源经济条件相匹配的生态系统，并在很大程度上改变了聚落及其所处的“第二自然”的形态（图5-17）。此外，虽然当代已较为少见，但在传统时期的河湖沿岸地区，世代居于水上的渔家聚落也曾经普遍存在，并且演化出船屋聚落、滨水吊脚屋聚落等独特的聚落空间模式。而一些传统的加工业和手工业，例如烤烟、酿酒、造纸、制瓷、制陶、砖瓦烧造等，也都有其相应的产业设施和空间模式，例如瓷窑、陶窑、砖窑、烤烟房等（图5-18），并且也成为聚落中的重要空间节点甚至公共空间中心。

在本章的结尾需要强调的是，对于农业等产业类建筑、设施与聚落公共空间的关系，传统上往往强调其功能性，而忽视其与聚落公共生活的联系，同时更倾向于强调商业活动与公共空间之间联系的紧密性。实际上，这种对商业活动的公共性的极端强调，很大程度上是在

图5-14 | 图5-15
图5-16
（来源：王新征 摄）

图5-14　贵州黔东南岜沙苗寨禾晾
图5-15　云南迪庆霞给村青稞架
图5-16　贵州黔东南岜沙苗寨禾仓

近代以来、特别是消费代替了生产成为社会生活的主导动力和目标之后才成为一种普遍的社会状态和文化共识的。而这并不符合传统时期乡土社会的实际状况，在绝大多数乡土聚落中，实际上以农业为代表的生产活动而非商业活动才是公共活动的主体，是串联交往活动、休闲活动乃至信仰活动等其他公共活动形式的主要线索，是空间公共性的核心内容之所在。

图 5–17　浙江杭州西溪湿地桑基鱼塘、柿基鱼塘（来源：王新征 摄）

图 5–18　山西吕梁小塔则村陶窑与龙王庙（来源：王新征 摄）

06 商市繁华

今天所见的乡土建筑，实际上大多修建于清代中后期乃至民国初年。这一时期很多地区的城乡聚落中，商业活动已经比较发达，并逐渐影响到公共活动的内容和公共空间的形式，使其呈现出与传统时期迥异的特征。特别是跨地域商贸活动较为发达的地区，其公共空间的形式往往会受到外来因素的影响，为乡土文化增添了现代性的内容。

6.1 乡土聚落商业类公共空间

商业活动会增进人与人之间、特别是陌生人之间接触的机会，从而增加交流的可能性，凸显公共活动和公共空间的偶发性特征。但是在传统时期乡土聚落的熟人社会中，考虑到大多数聚落不大的空间尺度和稳定的人口规模，可以认为基本不存在真正意义上的陌生人。在这种情况下，聚落内的商业活动促进陌生人接触、提供偶发性的作用接近于消失，其功能和意义大体上与加工业和手工业的作用相当。而商业所具有的真正区别于生产性行业的功能和意义，实际上主要存在于跨聚落的交易活动之中。

跨聚落、跨地域的商业活动提供了产品交易的功能，促进聚落之间、地域之间产品的流通，同时也是地域间技术和文化传播与扩散的重要途径之一。商业活动通常以区域内经济发达的地区为中心，这些地区往往同时也是技术进步、文化昌盛之地。在商业交往的过程中，技术和文化传播往往也自然地发生。因此，区域的商业中心通常会成为区域人员、产品、技术和文化交流的中心，成为区域内共有的重要的公共空间。这种区域商业中心的规模各异，规模较小的为邻近的数个聚落所共有，规模较大的影响力可以达到整个县域（图 6–1）。在形式上，商业中心可能依托于某个位置上和对外交通上具有优势的聚落，也可能不归属于任何一个聚落，而是在聚落之间交通枢纽的位置以独立的市场的形式存在，此外还有在邻近的几个聚落之间轮流举办的做法（图 6–2）。在运行的模式上，则可以分为常设的市场与周期性的集市、草市、墟市，如明谢肇淛《五杂组》中所言："岭南之市谓之虚，言满时少，虚时多也。西蜀谓之亥。亥者，痎也；痎者，疟也，言间日一作也。山东人谓之集，每集则百货俱陈，四远竞凑，大至骡、马、牛、羊、奴婢、妻子，小至斗粟、尺布，必於其日聚焉，谓之'赶集'，岭南谓之'趁虚'。"[1]

聚落商业空间的位置，大体上以交通便利为原则，以利于人流汇聚。当依托于城乡聚落时，多位于城门、寨门之外往来交通的必经之处，或沿主要交通干道线性展开。而独立设置时，则多位于区域交通路径交汇的位置，或水陆交通的汇聚之所。此外，一些商业空间会依托佛教、道教寺观或民间信仰的庙宇对人流的汇聚作用而逐渐形成，被称作"庙会"。

在公共空间的形式方面，传统上周期性举办的独立集市通常并不设置固定的建筑物，仅有开阔的场地，或设置少量简易的构筑物。常设的市场则多有固定的商铺，一般依托于主要街道，并通过"前店后

图 6–1　云南丽江束河古镇四方街，束河曾是茶马古道上的重要集镇
（来源：王新征 摄）

图 6–2　云南大理喜州镇四方街
（来源：王新征 摄）

[1]　出自《五杂组·卷之三 地部一》。谢肇淛 . 五杂组 . 上海 : 上海书店出版社 . 2001:61.

居”“下店上居”等形式与居住建筑结合起来（图 6-3）。同时，为了适应不同地域气候对避雨、遮阳等功能的需求，沿街的商业建筑发展出翻轩、骑楼等过渡空间的形式，进一步强化了街道与建筑之间的关系，也丰富了街道公共活动的内容和形式（图 6-4）。

此外，传统社会晚期以来，伴随着新的交通工具和通讯技术的使用，地域之间的区隔逐渐弱化，全国范围内地域之间的联系日益加强，区域乃至整个国家的经济一体化程度有所提高。特别是外来政治、经济、文化力量的介入，以一种强制性的方式将乡土社会纳入到外部更为广阔的市场网络当中。无论是通商口岸和租界地的商业集聚和示范效应，还是包括海外经商的商人和“苦力贸易”中的华工在内的海外中国移民所带来的经济和文化冲击，都在以以往无法比拟的速度改变着传统乡土社会商业空间的面貌，这一点在闽、粤的侨乡地区表现得最为突出（图 6-5）。

图 6-3　浙江义乌佛堂古镇，历史上依托双林禅寺和义乌江航运成为著名商埠
（来源：王新征 摄）

图 6-4　云南大理周城村集市与戏台
（来源：王新征 摄）

图 6-5　广东开平赤坎镇店铺与骑楼
（来源：李雪 摄）

6.2 山西吕梁碛口古镇

碛口古镇位于山西吕梁市临县，吕梁山西麓，黄河之滨，是典型的依托水陆交通交汇而形成的商贸型聚落。碛口历史上曾作为中原王朝防御西北少数民族的军事要塞，清代至民国时期，碛口地处山西与内蒙古、陕西水陆交通的交汇之处，是三地商品往来的重要集散地，特别是内蒙古土默特川平原、后套平原出产的粮油以及中草药、皮毛、吉兰泰盐等货物运输进入山西的通道（史称“晋蒙粮油故道”），水陆转运的衔接点。如清乾隆年间《重修黑龙庙碑记》所载：“碛口镇又境接秦晋，地临河干，为商旅往来舟楫上下之要津也，比年来人烟辐辏，货物山积。”更重要的是，碛口古镇位于湫水河与黄河交汇处，湫水河携带大量的泥沙进入黄河，挤占黄河水道，形成的“麒麟滩”使秦晋大峡谷的黄河宽度由四五百米缩至八十余米，加之落差较大，形成了水流湍急、礁石密布的“大同碛”（图 6-6），被称为仅次于壶口的“黄河第二碛”，成为水路运输不可逾越的天堑。因此，从上游来的货船到达碛口后，必须转陆路由骡马、骆驼运往太原及京津等地，回程时，再把所获的物资经碛口转水路运往西北，碛口由此成为黄河北干流上水运航道的重要中转站，有“九曲黄河第一镇”和“水旱码头小都会”之称。

碛口古镇的聚落整体结构和公共空间形态也与其水旱码头的功能密切相关。一条主街沿河流交汇处的地形蜿蜒穿过古镇，街道两侧皆为店铺，并按照商铺功能的不同分为三段：“西市街”多为经营粮、油、

图 6-6　山西吕梁碛口古镇、麒麟滩、大同碛（来源：王新征 摄）

图 6-7　山西吕梁碛口古镇中市街（来源：王新征 摄）

盐的大型货栈；“中市街”（图 6–7）多为银行、票号、钱庄等金融机构；“东市街”则多为骡马店、骆驼店（图 6–8）及其他日常服务功能的店铺。沿街店铺均采用木板门，界面开放，门前建高圪台，用于陈列货物，也能防范洪水。从主街有多条小巷连接纵深各处，也均为具有商贸功能的建筑。古码头是水陆货物集散的场所，也是最为重要的公共开放空间。在全镇最高处的卧虎山半山坳建有黑龙庙（图 6–9），供奉黑龙王保佑水上航运平安，庙内设戏台，是重要的公共活动场所。历史上碛口古镇还有多处戏台，足见其人流之密集，商业之繁华。

独特的商业模式产生的影响不仅限于碛口古镇本身，也辐射到邻近的乡土聚落当中。西湾村（图 6–10）、李家山村、寨子山村等村中多饲养骆驼，冯家会村等村中则饲养骡马，为陆路运输提供畜力。招贤镇的小塔则村等村中生产大缸等陶器，通过碛口的商贸集散功能销往周边各地。其他从事诸如搬运工、船工、习武走镖等行业的均较多

图 6–8　山西吕梁碛口古镇东市街福顺德骆驼店
（来源：王新征 摄）

图 6–9　山西吕梁碛口古镇黑龙庙
（来源：王新征 摄）

图 6–10　山西碛口西湾村
（来源：王新征 摄）

见，也多有在碛口古镇上经营店铺者。所有这些商贸服务领域的往来，不仅极大地提高了整个区域的经济发展水平，对各个聚落的规模、结构和空间形态也都有决定性的影响。

6.3 四川场镇与会馆

场镇，即集镇、乡场，是四川地区传统上对集中的乡村商贸交易场所的统称。一般认为，场镇是在早期常设的“草市”基础上发展而来的，随着商贸交易规模的扩大，在原有草市的基础上逐渐出现固定的店铺以及栈房、作坊，形成常设的商业集市——场镇。四川地区场镇聚落形态发达，与其整体的人口分布结构有关。如前文中提到的川西平原地区的典型聚落形态——林盘，规模一般不大，历史上多为宗族聚居，以几户或十几户为多，林盘之间距离以两三百米为主，呈现出典型的高密度散居聚落的特征，将聚落和农田紧密地联系在一起，保证了以家庭为单位的农业生产的高效率运作。事实上，即使在四川林盘形态不明显的地区，一般也有小规模散居的居住传统。这种散居模式的聚落规模过小，无法负担专门化的商品交易甚至加工产业。因此，对于聚落之外的集中的商业交易场所就有很迫切的需求。同时，散居聚落无法承担的公共功能，包括信仰、观演、节庆等，也都由邻近的场镇一并承担。这就使得四川地区的场镇不仅仅数量众多，规模也相对较大，功能复合化程度高，建筑质量和空间品质都达到很高的水平。从这个意义上讲，场镇与林盘这两种四川地区乡土聚落中最为独特的形态，可以说是互为因果、密不可分的。

场镇的整体结构和空间形态，大体上仍以沿主要街道布局的线性模式为主（图 6-11），规模较大的，则以数条不同方向的街道为骨架展开（图 6-12）。沿街通常为店铺（图 6-13），开放性程度很高。因四川地区雨水较多，故多设置檐廊、凉厅子、骑楼等避雨的设施，也增强了商业空间的连续性，丰富了街道界面的形态。此外，因四川地区地形复杂，多山地丘陵，也多有选择山地坡地场址建设场镇的实例，或采用街道蜿蜒曲折顺应地形等高线的做法，或将主街垂直等高

图 6–11 四川崇州元通古镇（来源：王新征 摄）

图 6–12 四川成都洛带古镇（来源：王新征 摄）

线布置成有很大纵向高差的街道，形成与地域自然地理条件相适应的形式独特的商业空间。

场镇承担了四川乡村社会主要的公共功能，因此其公共建筑和公共空间的内容和形式也非常丰富。除了商业功能的店铺、码头外，祠堂、

图 6–13　四川崇州元通古镇沿街店铺
（来源：王新征 摄）

寺观、书院、戏台也很常见，并且成为场镇聚落公共活动的重要中心。其中，会馆是较为特殊的一种公共建筑类型。通常来说，场镇的公共建筑和公共空间都是为了满足邻近聚落对信仰、观演、节庆等公共功能的需求，但会馆并非如此。会馆服务的对象，是以地缘为纽带的同乡组织或以业缘为纽带的同业组织。

在产生的初期，会馆主要服务于同乡的赶考士子，其后随着商业的发展特别是跨地域商业的繁荣，演变为主要服务于同乡商人的场所。四川地区会馆建筑数量众多，形制发达，主要与清代的移民活动有关。清代前期的湖广填四川政策（包括来自湖南、湖北、广东、江西和福建的移民），使因张献忠、吴三桂等变乱损失惨重的四川地区人口得到了补充，也造就了浓厚的移民文化氛围。会馆的兴建，正是在这样的背景下大规模展开，带有壮大同乡声势、加强凝聚力的意味，同时也在实际上承担了信仰、聚会、观演、节庆、文教等功能，其中最为知名的包括湖广会馆（禹王宫）、江西会馆（万寿宫，图 6–14）、广东会馆（南华宫，图 6–15）、福建会馆（天后宫）等。

会馆作为服务对象固定、功能高度复合化的公共建筑，在场镇聚

图 6–14　四川成都洛带古镇江西会馆（万寿宫）（来源：王新征 摄）

图 6–15　四川崇州元通古镇广东会馆
（来源：王新征 摄）

落整体结构中占据着重要地位，也是聚落公共空间系统的核心节点。同时，会馆在聚落文化中也具有独特的作用，无论是在建筑风格、装饰风格还是公共活动的内容方面，会馆既不是完全接受所处地域的文化，也不是将移民来源地域的文化完全复制过来，而是更接近于二者的融合，从而在场镇中形成一个个呈现跨地域和混合性特征的文化圈，并对整个场镇的公共空间、公共活动和乡土文化产生持久的影响。

6.4 广东汕头樟林古港

如果说碛口古镇代表了传统商业模式下的水旱码头商贸聚落，四川场镇代表了移民文化和传统社会晚期跨地域商贸繁荣背景下的商业聚落，那么樟林古港（图 6-16）则是全球化和对外经贸往来背景下海洋贸易港口商业聚落的典型代表。

樟林古港位于广东汕头市澄海区东里镇，毗邻韩江出海口，是古代海上丝绸之路的重要起源地之一。明代，樟林港就已是较大规模的渔港（图 6-17），清康熙时期开海禁后，随着潮州商民出海贸易，樟林港作为潮州红头船(雍正时期政府规定了各省海船的标识，广东商船大桅杆上部及船头均油红漆，故称“红头船”）的航泊基地，逐渐成为粤东地区的远洋航运中心，被喻为“通洋总汇

图 6-16　广东澄海樟林古港周边聚落
（来源：王新征 摄）

图 6-17　广东澄海樟林古港旧址
（来源：王新征 摄）

图 6–18　广东澄海樟林古港山海雄镇庙、观音堂（来源：王新征 摄）

之地”“河海交会之墟”，直到鸦片战争后其地位才逐渐被汕头港所取代。

发达的海上贸易，一方面为地方带来财富，促进了聚落规模的增长和民居建筑质量的提高；另一方面也为聚落的整体结构和空间形式注入了新的内容。樟林聚落中的新围天后宫、风伯庙、山海雄镇庙（图 6–18）等，反映了与航海相关的祈禳活动在聚落精神信仰中的重要地位。而沿港以大型货栈为主要内容的“新兴街”（又名“货栈街”图 6–19），更是显示出与通常意义上的乡土聚落商业街市完全不同的面貌。新兴街位于南社港南岸，设有船舶装卸码头，全街共有货栈 54 间，前临街道，后接内港，并设置小码头供小船载货入栈之用，体现了港口货运组织的高效率。

图 6–19　广东澄海樟林古港新兴街（来源：王新征 摄）

07　祈福禳灾

中国传统时期乡土社会中民众信仰类型多样，既有佛教、道教等制度性宗教，也有松散灵活、地域性强的民间信仰。与之相关联的信仰活动，是乡土社会公共活动中最重要的内容之一，同时往往与农事、商业等生产生活性活动紧密结合起来，并对聚落整体结构和公共空间形式产生重要的影响。

7.1　乡土聚落信仰类公共空间

理解乡土聚落中信仰类公共空间的地位和作用，首先需要理解乡土社会中的信仰状况。事实上从整个中国传统文化的角度看，在几个最为重要的建筑传统中，中国几乎是唯一一个在漫长的发展历史中从来没有形成过对官方意识形态具有重要影响的超验性宗教的文明形态。中国乡土社会的民间信仰近似于一种原始的自然信仰和多神信仰在发展中逐渐世俗化的产物，崇拜对象的来源非常丰富，包括原始的自然信仰和生产生活类信仰、原始神话、道教等本土宗教、佛教等外来宗教、现实中的帝王将相等英雄人物（例如关羽、岳飞等，也有居民家将国家领导人画像、佛像和活佛画像一起供奉的例子），但没有统一而明确的教义和神系系统。同时，人神之间的关系不是“信仰—被信仰”的关系，而是“祈求—回应”的关系。评价神的价值标准为是否“灵验”，即是否能够回应人的祈求福祉、禳除灾祸的诉求，灵验的神将会被修建更多的寺庙、塑像，得到更多的香火（图 7-1）。因此，人神之间本质上是一种契约或者说交易关系，这种与通常意义上的制度性宗教截然不同的信仰形态被西方的研究者们称为“中国民

图 7–1　福建泉州通淮关岳庙（来源：王新征 摄）

间宗教（Chinese folk religion）”[1]。

中国本土的道教具有比较明确的教义和神系系统，但在对中国人精神生活的影响力方面与上述的民间信仰并无二致。对于普通民众来说，信仰道教和信仰民间传说中的神灵并没有区别，仍然是一种“祈求—回应”的现实关系。并且，道教的教义虽然脱胎于传统的道家思想，但是其对中国文化精神的影响力还不如道家思想。作为中国最重要宗教的佛教，虽然确实为中国文化带来了少许的超验性精神，但是这种超验性的内容大多与中国传统道家思想中避世的一面结合在一起，并成为文人阶层隐逸文化的一部分，没有形成独立性的影响，涉及的范围也不大。而在对乡土社会的影响方面，佛教在传入中国后迅速地被本土化、世俗化，最终与道教一起形成了中国民间信仰的一部分。而作为官方文化主体的儒家思想，尽管被不少研究者称为“儒教”，但实际上在文化精神的体现方面与真正意义上的宗教相去甚远。在一定程度上，儒家思想较早地在主流文化中占据了主体地位，正是中国文化中的很多原始宗教和具有宗教意义的思想未能发展成为真正意义上

[1]　参见维基百科“Chinese folk religion”条目：en.wikipedia.org/wiki/Traditional_Chinese_religion.

的宗教的一个重要的原因。

这种真正意义上的宗教文化的缺失或者说世俗思想始终居于精神世界之主流的状况，对城市、聚落和建筑的发展都有很大的影响，特别是加剧了我国城市、聚落中不通过单体建筑的高大、宏伟与华丽来体现精神意义的倾向。对于超越性的崇拜主体，例如基督教的上帝来说，不计代价的奉献是被赞赏的，但作为社会秩序一部分同时也要受到这个秩序约束的世俗君主则不能不受制约地建造自己的宫殿，而在“祈求—回应”的信仰体系下对神灵的奉献也不可能成为不计成本的行为。因此，类似于西方那样花费上百年的时间不计代价地建造施工难度达到时代极限的教堂的行为不可能在中国的城市发展历史中普遍存在。正如森佩尔在《建筑四要素》一书中所指出的：“尽管中国建筑至今仍保持其生命力，但除了满足人棚屋之外，它是我们所知道的具有最原始动因的建筑形式。人们已经注意到，中国建筑中的三种外部要素都是完全独立存在的，而作为精神要素的壁炉（这里我仍沿用这种说法，在后文中它将为含义更为丰富的祭坛所取代）却不再占据焦点的位置。”[1]

对于乡土社会来说，一方面儒家思想与制度性宗教的影响仍然不可忽视；另一方面民间信仰无疑与聚落的生产生活、社会结构、民风民俗以及文化艺术的关联更为密切，同时也表现出与地域自然和社会环境条件更高的契合度。具体到信仰类公共建筑与空间的形式方面，在乡土聚落中，制度性宗教相关的公共建筑与公共空间，包括作为儒家思想物质载体的文庙，佛教、道教的寺、观，总体上与官式建筑传统的关联度较高，这与儒家思想和制度性宗教作为文化“大传统”的地位是相契合的，但其内容和形式也会受到地域的环境条件和乡土文化的影响，从而表现出不同于其标准形制的方面。在内容方面，乡土环境中的佛教、道教寺观中通常修行和信仰所占的比重较低，更多地还是满足聚落祈福禳灾的需求，与民间信仰庙宇所承担的功能近似。在形式方面，乡土聚落中寺观的规模一般较小，虽然空间格局一般仍

[1] 戈特弗里德·森佩尔．建筑四要素［M］．罗德胤，等，译．北京：中国建筑工业出版社，2009:113.

大体遵循宗教仪轨的要求，但也常根据地域的文化状况而有差异，其建筑形式往往也带有明显的地域性特征（图 7–2）。在与聚落整体结构和公共空间系统的关系方面，制度性宗教的寺观通常位于聚落中较为重要的位置，例如村口、聚落中心或者聚落中地形较高的地方（图 7–3）。

而与民间信仰相关联的公共建筑与公共空间则表现出与地域环境条件和建筑传统更多的联系。很多情况下，其形制与所处乡土聚落中的民居建筑更为接近（图 7–4）。并且，相对于制度性宗教的寺观，民间信仰建筑的位置通常更为分散和随意，规模更小。很多民间信仰类型并不依附于专门的建筑，而是直接在廊桥等交通便利的位置设置神像，甚至完全不做遮蔽，露天放置（图 7–5）。同时，很多与家庭生活相关的民间信仰，其载体往往与民居结合设置。因此，在与乡土聚落的公共活动和公共空间的关联性方面，民间信仰也呈现出明显的多样化特征，部分民间信仰建筑与制度性宗教的寺观一样成为聚落核心的公共空间，而有些类型可能完全不具有公共性（图 7–6）。

此外，无论是制度性宗教的寺观还是民间信仰的庙宇，在乡土聚落中其功能往往是复合性的，不仅仅用于祈禳，还常伴随着其他类型的公共功能。例如，邻近庙宇设置庙会等商业空间，或者在庙宇内外设置戏台用于观演等（图 7–7）。这种建筑和空间功能的复合化适应了乡土环境中公共空间的数量和规模整体上较为有限的状况，同时也再次证明了中国乡土社会精神信仰活动所具有的世俗化特征。

图 7–2　浙江金华汤溪镇汤溪城隍庙
（来源：王新征 摄）

图 7–3　山西沁水西文兴村柳氏民居聚落文昌阁
（来源：王新征 摄）

图 7–4　江西金溪珊珂村西溪庙
（来源：马韵颖 摄）

图 7–5　广东澄海樟林古港民间信仰
（来源：王新征 摄）

图 7–6　陕西旬邑唐家村唐家大院土地堂
（来源：王新征 摄）

图 7–7　山西吕梁碛口古镇黑龙庙戏台
（来源：王新征 摄）

7.2 福建泉州铺境空间与铺境信仰

与信仰有关的活动在闽南地区城乡社会中占有重要的地位，是闽南文化的显著特征之一。海陆相接、耕海为生以及长期的对外贸易所带来的海神崇拜与妈祖文化，使相关的天后宫、玄天上帝庙、龙王庙、水仙宫等信仰建筑遍布闽南各地，同时佛教、道教、儒家思想以及形形色色的民间信仰在闽南乡土文化中都占有不小的比重（图 7–8）。这种多元化的信仰状况，很大程度上来自于闽南文化中的实用主义特征和开放心态，在闽南人看来，只要能够保境安民、福荫乡里，并不

图 7–8 福建泉州天后宫正殿
（来源：王新征 摄）

图 7–9 福建厦门新垵村福灵宫
（来源：李雪 摄）

需要计较信仰对象的来历和身份。同时，明清时代相对远离统治中心的地理位置、民间的富庶以及经济模式上对海洋的依赖，也使得闽南地区主流官方政治与文化的影响与压制总体上较为舒缓，这也为多元化的信仰状况提供了宽松的环境。兴盛的多元化信仰，造就了闽南城乡聚落中信仰类公共建筑和公共空间数量多、密度高、形式多样、与聚落生活结合紧密的特点（图 7–9）。在一些实例中，这种多元化的信仰状况甚至与整个乡土社会的社会结构紧密地结合在一起，泉州传统社会中的铺境信仰就是一个典型的例子。

铺境制，是明清时期泉州城市的基层行政区划和行政治理制度，其起源大体来自于北宋时期的“保甲制”和“厢坊制”；元代时将泉州城划分为东、南、西三隅；清代增加北隅，共计四隅，“隅”下设“铺”，“铺”下设“境”，故称“铺境”，其中，铺主要来自于政府的行政架构，而境的基础则主要是民间已有的族群和社区边界。如清道光《晋江县志》所载：“《周官》体国经野，近设比闾、族党、州乡，达立邻里酂鄙，县遂举闾阎、耕桑、畜牧、士女、工贾，休戚利病可考。而知今之坊隅都甲，亦犹是也。而官府经历，必立铺递，以计行程，而通声教。都里制宋、元各异，明如元，国朝间有增改，铺递则无或殊。守土者由铺递而周知都里，稽其版籍，察其隆替，除其莠而安其良，俾各得其隐愿，则治教、礼政、刑事之施可以烛照数计，而龟卜、心膂、臂指之效无难也……本县宋分五乡，统二十三里。元分在城为三隅，

改乡及里为四十七都，“七”，乾隆府县志沿万历府志及《闽书》之误作“三”，非。共统一百三十五图，图各十甲。明因之。国朝增在城北隅为四隅，都如故。顺治年间，迁滨海居民入内地，图甲稍减原额。康熙十九年复旧，三十五年，令民归宗，遂有虚甲，其外籍未编入之户，更立官甲、附甲、军甲、寄甲诸名目。后增场一图，又立僧家分干一图，共一百三十七图。城中及附城分四隅十六图，旧志载三十六铺，今增二铺，合为三十八铺。”[1]

铺境制度确立后，泉州城围绕铺境制度发展出发达的民间信仰体系，各铺设铺庙，供奉本铺铺主，各境设境庙，供奉本境境主（图 7–10）。境主、铺主的来源和身份多样，有的来自于佛教、道教等制度性宗教，有的来自于民间信仰的神灵，也有的来自于历史上的著名人物。铺、境每年举行“铺境”仪式，祈求神灵护佑，保境安民；节庆仪式时的抬神巡游活动，除祈福外，也带有明确、强化铺境边界存在的意味（图 7–11）。而供奉铺主、境主的铺境庙，不仅是铺境信仰的核心载体，也是铺境内部最为重要的公共空间（图 7–12）。

图 7–10 | 图 7–11
图 7–12
（来源：王新征 摄）

图 7–10　福建泉州通政巷熙春宫，原熙春境镜庙

图 7–11　福建泉州西街奉圣宫，原奉圣境镜庙

图 7–12　福建泉州水巷尾富美宫，原富美境镜庙

[1]　周学曾，等，纂修．晋江县志．福州：福建人民出版社，1990:484.

近代以来，城乡基层组织历经变迁，大多数城市中原有的基层组织结构早已瓦解，但在泉州旧城中，原有的铺境空间结构和社区认同在当代仍然得到了一定程度上的延续，铺境庙中的建筑部分得到了保存甚至建造更新，原有的铺境信仰节庆仪式也部分得到了延续（图7-13）。这种状况在很大程度上来源于铺境作为一种基层行政组织和空间结构与民间信仰的高度融合。从政府行政治理的角度看，实行铺境制的目的在于加强对基层的管制，但在实际运行的过程中，真正使铺境制从一种行政构架设计落实为一种得到普遍认同的社会现实的，并不仅仅是政府的行政管制，而更多地是来自于一种基于深厚的宗教与民间信仰土壤之上的社区认同，从而为宗族力量相对较弱的城市社区注入了不亚于宗族血缘的稳定力量。

7.3 广东潮汕民间信仰与公共空间

潮汕地区在文化上与闽南地区同属闽海民系的分支，也同样具有发达的民间信仰系统，且从近代以来在很大程度上得到了延续。究其原因，一方面与闽南地区较为类似，明清时代相对远离统治中心的地

图7-13　福建泉州西街历史街区（来源：王新征 摄）

理位置、民间的富庶以及经济模式上对海洋的依赖，使得主流官方政治与文化的影响与压制总体上较为舒缓，为多元化的宗教信仰状况提供了宽松的环境。另一方面，潮汕地区历史上多疫病、风灾、水灾、旱灾、地震等灾害，环境的无常也使人们倾向于向神明祈求禳除灾祸。此外，传统社会晚期以来潮汕人出海贸易和务工的比例较高，也促进了妈祖等海神崇拜信仰的兴盛（图 7-14）。

潮汕城乡聚落的民间信仰也具有多元化的特征，崇拜对象有的来自道教、佛教等制度性宗教，有的来自于山川、海洋等自然的信仰，有的来自于行业历史上的著名人物，也有土地神、农业神等较普遍的民间信仰对象，其中尤以三山国王崇拜、关帝崇拜、双忠崇拜和妈祖崇拜最为普及和突出（图 7-15）。

在民间信仰类建筑方面，潮汕地区民间信仰类的庙宇数量众多，分布广泛，形式多样，但规模一般不大，同时多神合祀的情况较为普遍（图 7-16）。在与聚落整体结构和公共空间体系的关系方面，潮汕城乡聚落中民间信仰的崇拜场所密度极高，不仅在村口、聚落中心等

图 7-14 | 图 7-15
图 7-16
（来源：王新征 摄）

图 7-14　广东澄海樟林古港天后宫
图 7-15　广东澄海樟林古港国王庙
图 7-16　广东潮州龙湖古寨护法庙，供奉护法老爷、弥勒佛、花公花妈

图 7-17　广东澄海樟林古港招福祠
（来源：王新征 摄）

(a) 广东揭阳古榕武庙（关帝庙）

(b) 广东揭阳古榕武庙戏台

图 7-18
（来源：王新征 摄）

位置常有较为重要的庙宇，普通街道的尽头、交叉口或转弯处也多有小型的拜祀场所。很多规模较小的庙宇并不提供入内朝拜的空间，而仅供陈列神像，并在庙前以简易方式搭建遮阳篷，在不过多占用土地和妨碍交通的情况下获得了一定的场所感（图 7-17）。规模较大的庙宇，也有设置戏台的做法（图 7-18）。

此外，与民间信仰相关联的善堂的普遍存在也是潮汕聚落的特征之一，善堂供奉神明（以供奉宋大峰祖师为多），筹措资金，奉行扶贫济困、抚恤孤寡、灾后救济等善举，也是潮汕聚落公共空间系统中的重要节点之一。

08 桃花源头

入口空间既满足交通和防卫的功能性需求，也与聚落的安全感、领域感和归属感等精神意义密切相关。同时，桃花源的意象代表了中国传统文化中关于聚落审美标准的终极指向。聚落的入口作为聚落与外部世界联系的起点，作为桃花源意象塑造中最为重要的空间节点，其文化意义和美学意义也一直得到充分的重视。

8.1 乡土聚落入口空间

农业的生产模式和技术水平限制了乡土聚落的规模，山川、河流、植被等自然地貌和农田划定了聚落的边界，而聚落的入口则决定了聚落进入和离开的方式。当聚落有清晰的、难以逾越的边界——例如城墙、寨墙或河湖水体时，入口严格限定了聚落进出的通道，并成为具有防卫意义的节点。对于边界向自然敞开、理论上可以从任意方向进入的聚落来说，将与外部重要道路的连接处作为主要的交通节点，仍然会成为实际上的聚落入口，并且被赋予与领域感和归属感有关的空间意象（图 8-1）。

图 8-1　广东德庆古蓬村村口（来源：李雪）

对于乡土聚落整体的公共空间体系来说，聚落入口并不仅仅是一个起点，同时也是其中最重要的公共空间节点之一。重要的交通节点总是意味着人的聚集，从而带来公共活动频度和规模的提升、类型和内容的丰富。实际中，很多聚落的入口都汇聚了商品交易、信仰崇拜和节庆观演的功能，成为整个聚落中最重要的公共空间之一（图 8-2）。

除了交通节点的功能和公共空间的属性外，更为重要的是，聚落的入口在文化上被与一种更广泛意义上的美学意象和文化意象联系在一起。在中国传统文化中，乡村不仅仅是一种聚居模式和产业模式，更代表了一种居于山水田园之间的空间理想，代表了一种脱离行政管制和市井喧嚣的隐逸生活。在传统时期的中国社会中，道家思想和儒家思想始终是影响中国人精神世界的最重要的两条线索。其中，儒家思想的影响途径主要是官方政府，道家思想则在汉代“罢黜百家，独尊儒术”之后很大程度上丧失了对中央政府的影响力，其后对中国人精神生活的影响途径转移到了民间。而两者影响之间的直接交集则是读书人、知识分子或者所谓的儒生们。从隋朝开始实行科举制以来，读书实际上成为中国上层社会和底层社会之间最重要的文化交换渠道，也成为中国社会大传统与小传统的结合之处。这一点部分是源于“读书—科举—为官—回乡”这一直接的人员流动所带来的文化交流。

图 8-2　山西阳泉大阳泉村东门（东阁）、上为观音庙、真武庙、仙翁庙
（来源：王新征 摄）

另外，可能更为重要的一个原因是来自于知识阶层自身对两种文化的整合，这实际上与中国知识分子精神世界的两重性有关：当他们在科举、仕途中一帆风顺时，则遵循儒家的教诲，以“天下兴亡”为己任，以“修身齐家治国平天下”为人生理想；而当他们屡试不第、仕途坎坷，或者人生中心灰意冷之时，则信奉黄老之道，勤习书画，主张寄情于山水田园的隐逸生活。

在这个方面，被认为是中国最早田园诗人的东晋诗人陶渊明就是一个代表。在厌倦仕途，辞官归隐之后，他写下了大量描写山水林池和田园生活的作品，描绘了“采菊东篱下，悠然见南山”的家居生活的意境。其中，以《桃花源记》对这种生活情趣和居住理念的描述最为典型和具体[1]。《桃花源记》中生动地描绘出一幅避世隐逸、与世隔绝、居于山水田园之间的生活场景。与投身于社会—国家—天下的整体秩序之中的儒家理想相比，这种避世隐逸的态度则是遵循了道家思想中脱离社会、摆脱秩序的束缚、回归本心的理想，代表了中国文化中的反秩序情结。作为中国古代重要的文学和艺术成就的山水画和田园诗，就是将这种摆脱秩序、回归自然的理想作为一种审美趣味和文化趣味在文学和艺术作品中的反映。

正是在这个意义上，“世外桃源”的隐逸自然实际上代表了中国文化中最为重要的空间原型之一（另一个则是“匠人营国”的完美秩序追求）。这种原型诉求体现在日常生活情趣、文学、平面艺术、实用艺术乃至城市、聚落和建筑的几乎中国传统社会生活和精神生活的各个领域。并且，由于中国传统文化中重视知识阶层而轻视体力劳动者的倾向，使得知识阶层的生活意趣、审美品位和文化品位，对于整个社会总体的文化和艺术观念有着几乎决定性的影响。对于建成环境而言，中国传统的城市、聚落、建筑和园林也在更大程度上反映了知

[1] “晋太元中，武陵人捕鱼为业。缘溪行，忘路之远近。忽逢桃花林，夹岸数百步，中无杂树，芳草鲜美，落英缤纷，渔人甚异之。复前行，欲穷其林。林尽水源，便得一山，山有小口，仿佛若有光。便舍船，从口入。初极狭，才通人。复行数十步，豁然开朗。土地平旷，屋舍俨然，有良田美池桑竹之属。阡陌交通，鸡犬相闻。其中往来种作，男女衣着，悉如外人。黄发垂髫，并怡然自乐。见渔人，乃大惊，问所从来。具答之。便要还家，设酒杀鸡作食。村中闻有此人，咸来问讯。自云先世避秦时乱，率妻子邑人来此绝境，不复出焉，遂与外人间隔。问今是何世，乃不知有汉，无论魏晋。此人一一为具言所闻，皆叹惋。余人各复延至其家，皆出酒食。停数日，辞去。此中人语云：‘不足为外人道也。’……”

识阶层而不是建造者的意趣和品位。因此，这种来自于知识阶层的理想空间原型最终影响到了整个社会文化和建成环境之中。

在建筑方面，“世外桃源”的隐逸理想与山水田园的审美情趣体现为对园林营造的重视，将园林视为自然山水景观的象征，营造中着意追求精致、奇巧的意趣。而在更大尺度的聚居模式方面，在真正意义上的隐于山林受到客观条件限制较难实现的情况下，乡村实际上成为了隐逸生活的现实模式，成为真实建成环境中的“世外桃源”。从这个意义上来说，聚落的入口，作为聚落与外部世界的连接之处，就成为理想世界与现实世界的交汇点（图 8–3）。

图 8–3　安徽休宁岭脚村村口（来源：王新征 摄）

8.2 门、桥、坊、树

19 世纪末的德国社会学家格奥尔格·齐美尔在其《桥与门》[1]一文中，用两对相对的概念“墙与路，桥与门”来描述人类的创造活动。他认为，这两对概念代表了人类活动的两种类型：分离和联系。其中，墙和门代表了分隔的活动，而桥与路代表了联系性的活动。在齐美尔看来，无疑后者具有更重大的意义，“最先在两地间铺设道路者可谓创造了人间的一大业绩”“架桥使人类功绩登峰造极”。作为深入研究现代性问题的学者，齐美尔对这两对概念的分析，实际上体现了他对现代性的解读，即认为联系（相对于分离）是人类活动中现代性的重要体现。

从齐美尔的角度出发，实际上乡土聚落入口空间的具体形式也可以分为两种情况，一种通过“门”的意象，强调入口的分隔与界限意义，

[1]　G·齐美尔．桥与门——齐美尔随笔集．涯鸿，等，译．上海：上海三联书店．1991:2.

入口空间成为外部世界的结束和聚落空间的起始。另一种则通过跨越自然天堑，连接聚落与外部世界，形成“桥”的意向。

较简单的门的意象，通常在聚落朝向外部主要道路的位置随墙或独立设门，有一定防御功能，又兼具礼仪性和标志性，强调了聚落的边界，例如江西、广府等地的乡土聚落，大多在聚落主要入口设有门楼（图 8-4），但规模一般不大，形式和装饰也较简单。在受到战争、族群冲突或盗匪威胁较为严重的地区，对聚落的防卫功能更为注重，聚落通常会修筑围绕边界的城墙或寨墙，相应地在聚落入口依托城墙、寨墙设立城门、寨门（图 8-5、图 8-6）。因城门、寨门往往是冲突中攻防的要点，通常会对其防御性能予以特别强化，并在其上建门楼，便于日常值守和战时防御，也能增强城门、寨门的标志性。这类强调防御性的聚落入口做法在广东潮汕地区的围寨聚落、贵州安顺的屯堡聚落、晋东南地区的堡寨聚落中均较常见。

图 8-4　广东从化钟楼村门楼（来源：李雪 摄）

图 8-5　广东连南南岗古排寨门（来源：王新征 摄）

图 8-6　广东潮州象埔寨寨门（来源：王新征 摄）

在一些实例中，城门的规模超出了防御性所需的范围，容纳了更多的公共活动，比较常见的是将聚落的信仰空间与城门相结合，在聚落入口形成规模庞大的公共性建筑群体，充分利用了聚落入口作为交通节点汇聚人流的功能，同时也进一步强化了城门的标志性。例如，山西介休的张壁古堡，设南北两个堡门，结合南堡门建关帝庙（图 8-7）、可罕庙、西方圣境殿、魁星楼，结合北堡门建真武庙（图 8-8）、痘母宫、二郎庙、吕祖阁、三大士殿、空王行祠，且两组建筑群均设戏台，形成两处结合交通、防御、信仰、节庆观演等功能的大规模复合型公共空间。再如，山西沁水西文兴村的柳氏民居聚落，结合地形高差集中建造柳氏宗祠、关帝庙、魁星阁、真武阁、文庙、文昌阁等信仰类建筑（图 8-9），并建有戏台，既作为整个聚落的入口，也是聚落公共活动的中心。

图 8-7 | 图 8-8
图 8-9
（来源：王新征 摄）

图 8-7　山西介休张壁古堡南堡门关帝庙
图 8-8　山西介休张壁古堡北堡门真武庙
图 8-9　山西沁水西文兴村柳氏民居聚落入口、关帝庙、魁星阁

桥的意象，相对更为强调聚落与外界的联系，因此在没有防御性需求的聚落中采用较多。特别是水网密集的南方地区，聚落营建中对山水等自然要素的考虑更为充分，聚落常以天然河流作为边界，在通往外界的主要道路与河流的交汇处设置桥梁作为聚落入口就成为很自然的做法（图 8-10）。与门相比，桥形成了一种线性的秩序，实际上使得进出聚落的过程更具有仪式感。一些地区廊桥的做法较为普遍，使这种仪式感得到了进一步强化，同时廊桥具有遮蔽、休憩和供奉神像的功能，也使得其公共空间的意义更加突出。

图 8-10　山西榆次后沟村村口龙门河石桥
（来源：王新征 摄）

坊的结构与门类似，但更具开放性，牺牲了防御功能而强调了人通过时的仪式感，也具有较强的标志性。按照其建造意图又可以分为牌坊和门坊，前者建造的初衷是为了记载褒扬忠君、报国、节孝、科举等功德（图 8-11），后者则纯粹是作为聚落入口的空间分隔和形象标志而建造（图 8-12）。安徽歙县棠樾村村口的棠樾牌坊群，由明清时期的 7 座牌坊组成（原有 10 座，3 座已不存在），其建造初衷是

图 8-11　浙江桐庐荻浦村村口孝子坊、慈济庵
（来源：王新征 摄）

图 8-12　广州从化钱岗村灵秀坊
（来源：李雪 摄）

为了旌表忠孝节义，多座牌坊排成的序列，形成令人印象深刻的空间体验。

最后，树木、山石等自然之物在一些实例中也能够成为聚落入口的主要标志，并形成独特的空间感和场所体验，也体现了乡土聚落营建者的匠心巧思。

8.3 徽州聚落水口空间

在极度强调防御性的环境中，聚落入口的营建主要体现界分内外、强化防御的功能性原则。而当防御的功能弱化时，聚落入口的空间组织则更多地表达领域感、归属感和美学意象。前文提到的“世外桃源”的空间原型，为这种空间和美学意象的表达确立了标准。事实上，陶渊明的《桃花源记》不仅讲述了一个关于隐逸的故事，同时也为隐逸行为的空间需求确立了蓝本：“缘溪行，忘路之远近。忽逢桃花林，夹岸数百步，中无杂树，芳草鲜美，落英缤纷，渔人甚异之。复前行，欲穷其林。林尽水源，便得一山，山有小口，仿佛若有光。便舍船，从口入。初极狭，才通人。复行数十步，豁然开朗。”这段描述实际上为作为真实建成环境中“世外桃源”的乡土聚落的入口空间的营建，制定了明确的原则：逆水而上、林木或地貌的遮蔽、空间尺度的收放，行进序列中的景观变化。实际建成环境中的聚落入口的营建，均或多或少地遵循了上述原则的某个或某几个方面。徽州、浙中等地乡土聚落中的水口空间能最为彻底体现这些原则。

水口的概念源于传统的风水观念，指的是聚落水系的起始和结束。聚落水系与外界的连接，包括进水口和出水口，但聚落营建中的水口通常指的是出水口，如明代缪希雍《葬经翼·水口篇十》中所言：“水夫口者，一方众水所总出处也。”按照水口营建的本意，通常距离聚落有数百米的距离，徽州聚落初始营建时，水口和村口是分离的，但有些聚落随着规模的扩大，也会出现水口、村口合二为一的现象。因此，事实上水口所划定的并不是聚落建成环境的实际边界，而是心理边界和美学边界。出于传统风水中“藏风聚气”观念和“世外桃源”

空间意象营造的考虑，徽州聚落的营建者们在水口处筑坝、修堤、挖塘、架桥、植树，修建塔、阁、楼、亭、牌坊，使水口空间无论是在功能层面、美学层面还是文化层面，都成为聚落空间系统真正意义上的起点。

安徽祁门桃源村的水口，就是徽州聚落水口空间营造的典型实例之一。水口廊桥［图 8–13（a）］建于明成化年间，廊桥利用水的流向与道路形成自然的转折，强化出聚落内外空间的过渡。廊桥墙面设计锦窗观景，内有座椅供休憩，桥头有土地庙、魁星阁［图 8–13（b）］（原有三层，现仅余一层）。通过廊桥后，沿兔耳溪（图 8–14）上溯，随道路转折自然露出村口的大经堂（陈氏宗祠）与荷花池。桃源村水口虽然规模不大，形式简单，但其与聚落、水系、道路的关系，空间的转折、收放，视线的遮蔽、转换，景观的序列、变化，均体现了徽州聚落水口空间的典型特征。

安徽歙县唐模村的水口，则是以水口园林的营造而著称。唐模水口自外而内，沿道路和檀干溪依次为树、桥、路亭（沙堤亭）、牌坊（同胞翰林坊）、水口园林、灵官桥（图 8–15）。水口园林名“檀干园”

图 8–13

（来源：王新征 摄）

（a）安徽祁门桃源村水口廊桥

（b）安徽祁门桃源村水口廊桥与魁星阁

图 8–14　安徽祁门桃源村兔耳溪、大经堂

（来源：王新征 摄）

图 8–15　安徽歙县唐模村灵官桥

（来源：江小玲 摄）

（图 8-16），有“小西湖”之称，内建荷花池、桥、亭、榭，环境优雅。水口园林的营建，不仅进一步提升了聚落水口的生态环境质量和美学价值，更使得水口从通过性节点转变为可供游赏、休憩的公共空间。

图 8-16　安徽歙县唐模村檀干园（来源：江小玲 摄）

09　风雨楼桥

在南方地区，因雨水较多，公共空间中常有设置带屋顶的遮蔽物的需求，而在炎热季节遮蔽太阳直射的需求则更为突出，楼阁与廊桥就是因应这一需求而产生的最为典型的形式。这类建筑物既满足了遮蔽烈日和雨水的功能需求，又保持了空间的流动性和公共性，同时提供了纯粹外部空间所欠缺的纪念性、仪式性和领域感。

9.1 乡土聚落楼阁与廊桥

本章所涉及的建筑物（以及构筑物）共同的特征是，无论形式如何，建筑的核心意义并非单纯为满足某种功能性的需求，而是作为公共空间的一部分，满足公共活动的需求，为公共空间增添某种特质。

为建筑的界面增添附廊（图 9–1）是其中最为简单的形式。前文中曾经提到，为街巷、广场的商业街面或滨水的商业空间设置檐廊（图 9–2）是简单有效地提供遮蔽、丰富界面、增强商业空间连续性的做法。也正是因此，这种形式的应用范围非常广泛，在从北方到南方、从东部到西部各地的乡土聚落中都有应用。对于商业性的公共空间来说，界面檐廊下的空间既是商业店铺内部空间的

图 9–1　山西太谷北洸村三多堂次入口附廊
（来源：王新征 摄）

图 9–2　安徽歙县唐模村滨水檐廊
（来源：江小玲 摄）

延伸，也是所围合的街巷、广场公共空间的一部分，并成为二者之间功能和形态上的有效过渡。事实上，这种做法不仅仅出现在商业性的公共空间界面上，在乡土聚落中其他建筑与外部空间之间的界面上也不乏采用檐廊做法的实例，在提供可以遮蔽日晒雨淋的交通或休憩空间的同时也对界面起到有效的软化作用。

当檐廊的尺寸延伸至可以覆盖整个街道，就将整个街道变成了介于室内和室外之间的公共空间，这种市内街道在欧洲传统城市中较为常见，但在中国乡土聚落中也有一些实例，例如重庆江津中山古镇的老街上方的“凉厅子”，不但能够遮阳避雨，还具有很好的通风效果，有效地适应了地域气候条件。

另一种形式是在开敞的公共空间中建造独立的开放式建筑，路亭是其中形式最为简单的一种。与园林中的亭主要用于点景和观景的作用不同，公共空间中的亭除了遮阳、避雨、休憩等实用功能外，更使得人在开敞的公共空间中获得凭依，赋予空间以场所感。路亭有单层的，也有两层或三层的（图 9–3）。多层的路亭有的有楼梯可供登临观景，但也有仅仅出于尺度和形式原因而建造多层路亭的，前述安徽歙县唐模村水口的沙堤亭就是典型的例子。

亭在水平和垂直方向上扩展的尺度则成为楼阁。公共空间中的楼阁底层通常与亭类似，空间开敞，便于进入和通过，上层则通常有供奉神像或登临观景的功能。楼阁在开敞空间中独立建造的，具有较强的向心性和标志性，典型的例子是传统城镇中的鼓楼，如山西襄汾汾城镇鼓楼（图 9–4）。也有依托邻近的庙宇等建筑设置的，例如山西介休的祆神楼（图 9–5）。

亭和楼阁也有设置在街道中的做法，形成过街亭或过街楼的形式。

图 9–3 安徽歙县呈坎村环秀桥桥亭（来源：张屹然 摄）

图 9–4 山西襄汾汾城镇鼓楼
（来源：王新征 摄）

图 9–5 山西介休祆神楼
（来源：王新征 摄）

过街楼亭（图 9–6）在保持街道交通功能连续性的同时在视觉上对街道进行分段，避免了街道景观的单调无趣。同时过街楼亭本身也强调了街道空间中重要公共性节点的位置，或建于道路交汇之处，或建于祠堂、庙宇入口或邻近位置，又或者自身就是具有信仰等公共功能的建筑节点。

廊桥则是廊的遮阳避雨功能与桥的交通功能相结合的产物，使桥由单一的交通设施转变为可供休憩的公共空间，部分廊桥中还供奉神像（图 9–7），具有一定的信仰功能。更为重要的是，廊桥的形式使桥从一种平面结构发展为立体结构，从而强化了其仪式感和标志性。廊桥通常有供采光和观景的窗，同时设置美人靠便于休憩。在南方很多地区的乡土聚落中，廊桥都被修建在水口、村口或聚落中心较重要的公共空间附近，在建筑的形象上受重视的程度也较高，在结构、形式、风格和装饰方面往往也具有很强的地域特色，代表了地域建筑的较高水平。例如闽浙山区较常见的木拱廊桥，无论是其贯木拱的承重结构，还是风雨板的围护形式，都具有强烈的地域特色。

此外，还有一类建筑，并不提供可进入或通过的内部空间，而是仅以其外在的地标性形式和体量对公共空间产生影响。一个典型的例子是乡土聚落中的风水塔，与佛教宗教仪轨相关的佛塔、墓塔以及用于登高远眺的观景塔、瞭敌塔不同，风水塔大多并不提供登临功能，而仅是为了镇压风水，祈求一方平安福祉，在文教科举发达的地区，一般以文峰塔为名（图 9-8）。另一个例子是乡土聚落中的惜字宫（也称惜字炉、字库塔、字葬塔）（图 9-9），惜字宫的高度和体量通常

图 9-6　北京门头沟琉璃渠村三官阁过街楼（来源：王新征 摄）

图 9-7　江西婺源思溪村通济桥，桥廊内河神祠供奉大禹（来源：杨茹 摄）

图 9-8　广东三水大旗头古村文塔（来源：彭建 摄）

图 9-9　四川成都洛带古镇字库塔（来源：王新征 摄）

较风水塔小，起源于传统文化中“敬惜字纸”的风俗，用于焚烧字纸，常供奉传说中的汉字发明者仓颉。乡土聚落中的风水塔和惜字宫体量不大，功能简单，但借助与传统文化中风水观念和文教传统的紧密联系，同样能够起到集聚人流，在空旷的外部空间中提供凭依、增强空间公共性和场所感的作用。

9.2 贵州（黔）东南侗族聚落鼓楼与风雨桥

贵州在气候上属于亚热带湿润季风气候，温暖湿润，雨量充沛，特别是东半部的东南季风区内，全年降雨日多，因此对能够提供遮蔽雨水功能的公共空间需求较多。加之黔东南地区的侗族聚落稻作农业较发达，经济发展水平也能够支持一定规模的公共建筑和公共空间的营建，因此在长期的历史发展中，逐渐形成了以鼓楼、萨坛（供奉“萨”的神坛）、寨门、戏台、风雨桥（图 9-10）为核心的公共空间体系，而鼓楼、风雨桥作为其中功能性和仪式性结合得最好、在形式上也最为突出、最具地域特色的公共建筑，逐渐成为侗族聚落公共空间形态的典型代表。

图 9-10　贵州黔东南肇兴侗寨鼓楼、风雨桥
（来源：王新征 摄）

鼓楼被认为起源于早期氏族社会聚会议事的“公房”，在其后的发展中逐渐成为侗族聚落的中心，不仅因其高度成为聚落中最重要的地标，也综合了聚会、议事、娱乐功能，成为侗族聚落中最为重要的公共空间。规模较小的单姓聚落，一般只有一个鼓楼。规模较大的聚落，有多个姓氏的，每个姓氏建一座鼓楼；单一姓氏的，也有每个房族修建一座鼓楼的（图 9–11）。因此，鼓楼除了其实用功能外，也成为村寨、姓氏或房族的精神寄托和形象代表。这也使得侗族聚落在鼓楼的建造上乐于不计工本地投入人力物力，使鼓楼不论是在建筑的高度和体量，还是结构技术水平，又或是装饰的精美程度方面，都达到了侗族聚落中的最高水平。

图 9–11　贵州黔东南肇兴侗寨聚落与鼓楼
（来源：王新征 摄）

侗族分布地域较广，各地之间自然条件和社会文化习俗都存在着一定的差异，反映到建成环境中，在聚落和建筑的营建中也有较明显的差别。加之村寨间人口规模和经济实力的差异，使得各地侗寨鼓楼的尺度和形式方面都有着各自的特点。就黔东南地区的侗族聚落来说，鼓楼的形式大体上以密檐式的居多，结合了塔、楼阁和亭的部分特征，正四边形、正六边形、正八边形的平面形式都较多见。鼓楼的底层开敞，空间较高大，中心为中柱或设火塘，周遭设长凳；其上塔身为穿斗式木构架密檐式塔，设楼梯可到达的鼓亭，内置木鼓；顶层为亭顶，多采用攒尖形式，檐下以如意斗拱层层出挑；整个塔身彩塑、彩绘装饰丰富。鼓楼前有鼓楼坪（图 9–12），多以鹅卵石铺砌，用于节庆仪式、祭祀活动和歌舞表演。

黔东南侗族产业以稻作农业为主，聚落选址多靠近河流，因此聚落中桥梁必不可少，由于气候条件的原因，桥梁多采用廊桥的形式称

“风雨桥”，当地又称“花桥”。风雨桥多位于进入村寨的交通要道上，实际上很多相当于聚落的入口，且有一定防御功能。在聚落入口不临水的情况下，也有在旱地建造形式与风雨桥接近的寨门的做法。在规模较大，河溪穿村而过的聚落中，常沿河设置若干风雨桥。风雨桥一般以青石或杉木为桥墩，杉木圆木连排为桥身，上铺杉木桥板；桥廊为穿斗式木结构，两层临水设桥栏及长凳；屋顶有单层檐的，也有重檐的，并多有在其上建一处或多处重檐的攒尖或歇山亭顶的做法，和鼓楼的造型语言接近；同时亦多施彩塑、彩绘装饰。风雨桥（图 9-13）既有交通功能，又是提供休憩纳凉、休闲议事、唱歌娱乐的场所，同时桥头的空间一方面利于人流集散，另一方面也与鼓楼一起，成为侗族聚落公共空间体系中重要的组成部分。

规模较大的侗族聚落，通常有多座鼓楼、风雨桥，形成一系列公共空间节点。以黔东南黎平县的肇兴侗寨（图 9-14）为例，历史上为单姓聚落，皆为陆姓，全寨共 800 余户，3000 多人，分为五大房族，当地称“团”，分别以仁团、义团、礼团、智团、信团为名，每个房族建一座鼓楼。肇兴侗寨所处地形为山涧谷底，溪流从山谷蜿蜒穿过，聚落主体沿溪流两岸布局，全寨沿溪流干、支流建风雨桥五座，位于每个房族区域的入口位置，起到了界定空间的作用。肇兴侗寨中鼓楼、风雨桥皆按

图 9-12　贵州黔东南肇兴侗寨鼓楼与鼓楼坪
（来源：王新征 摄）

图 9-13　贵州黔东南肇兴侗寨风雨桥
（来源：王新征 摄）

图 9–14　贵州黔东南肇兴侗寨风雨桥、鼓楼、鼓楼坪（来源：王新征 摄）

房族成组建造，辅以戏台、鼓楼坪以及桥头的集散空间，成为各房族的公共活动中心，既明确地提示出每个房姓组团的空间边界，又通过道路和水系的串联形成整个聚落的公共空间系统。

9.3 安徽歙县许村高阳桥与大观亭

传统时期的乡土聚落一般规模不大，公共空间总体规模有限，因此聚落中重要的公共建筑和公共空间设置往往相对集中，形成聚落公共活动的中心，在受自然条件所限土地稀缺的聚落环境中这一点更为明显，徽州聚落就是典型的例子。徽州地区山地多、平地少、地狭人稠。反映在聚落中民居建筑方面，徽州民居总体上规模不大，布局紧凑。而反映在公共空间方面，徽州聚落中的公共建筑和公共空间也常采用相对集中且密集设置的做法。

以安徽歙县许村为例，许村始祖于唐末迁居于此，后代历朝为官者众，家族兴旺，明清徽商兴起，许村地临徽安古道（徽州府到安庆府），借通商便利愈加繁荣，聚落中民居多豪门大户宅第，公共建筑和公共空间也非常完善，今存薇省坊、三朝典翰坊（图 9–15）、双节

图 9-15 安徽歙县许村薇省坊、三朝典翰坊（来源：王新征 摄）

孝坊以及众多的祠堂，显示出许村曾经的兴盛。特别是其中以高阳桥、大观亭为核心的公共建筑群，集中体现了徽州聚落在高密度条件下营建公共空间的策略。

高阳桥邻近昉溪与西溪交汇处，跨于昉溪之上，是进入许村的出入口之一，始建于元，经明、清改建、重修。桥为石砌拱券结构，桥廊为木结构；正面为马头山墙，具有徽州地域风格，两侧有观景窗；内设长凳供休憩，设佛龛。从高阳桥（图 9-16）进入村内，正对为双寿承恩坊，建于明隆庆年间，四柱三间五楼，石雕精美。穿坊而入即为大观亭，建于明嘉靖年间，跨街而立，南北辟门，实现了高阳桥轴向与街巷

图 9-16 安徽歙县许村高阳桥（来源：王新征 摄）

方向的自然转折。亭为砖木结构，八边形楼阁式亭，共三层，但仅有二层可登临。穿大观亭而入，正对为五马坊（图 9–17），建于明正德年间，四柱三间五楼，石雕精美，穿过大观亭即进入民居群落。

高阳桥、双寿承恩坊、大观亭、五马坊（图 9–18、图 9–19）所组成的这一组公共建筑群，布局极其紧凑，（周边现存场地当代有所拓宽）在聚落入口的狭小空间内实现了交通、休憩和遮阳避雨的功能，同时通过人流动线的转折、景观视野的变化、富于地域特色的建筑形式、精美的雕刻，以及建筑自身所附加的文化内涵，实现了从繁华的商业古道到幽深的居住街巷的完美过渡，恰当地展示出聚落居住者的身份地位、文化素养与美学品位。

图 9–17　安徽歙县许村五马坊（来源：王新征 摄）

图 9–18　安徽歙县许村大观亭、双寿承恩坊、五马坊（来源：王新征 摄）

图 9–19　安徽歙县许村高阳桥、双寿承恩坊、大观亭（来源：王新征 摄）

10 先人之佑

作为中国乡土聚落中最普遍同时也是最重要精神信仰的物质载体，宗祠、家庙通常并非仅仅是信仰崇拜的仪式性场所，而是与聚落日常的公共活动密切相关，成为聚落公共空间系统中最为重要的组成部分。特别是在闽粤等宗族传统延续较好的地区，这种习俗在当代仍然得到了相当程度的保存。

10.1 乡土聚落祠堂与公共活动

严格意义上讲，宗族信仰也是中国民间信仰的一部分。但从其实际影响力来看，在中国传统时期绝大部分地区的乡土社会中，祖先崇拜与宗族信仰的重要性都要远远超过任何一种制度性宗教或者民间信仰。尽管传统社会中后期以来，受商业活动兴盛影响，人口流动性增大，降低了宗族血缘的影响力，特别是市镇和城市中因单姓聚落较少，累世共居的大型宗族也不多见，散居宗族比例相对较高，使得佛教、道教等制度性宗教以及民间信仰的重要性渐趋增长，但一直到传统社会晚期，中国乡土社会总体上仍然具有较为强烈的宗族意识，宗族血缘仍是乡土社会中最为重要的联系纽带。

宗族信仰的内容和形式也与其他民间信仰有所不同。前文曾经提到，在中国民间信仰中，人神之间的关系不是“信仰—被信仰”的关系，而是“祈求—回应”的关系，评价神的价值标准为是否“灵验”，即是否能够回应人的祈求福祉、禳除灾祸的诉求，灵验的神将会被修建更多的寺庙、塑像，得到更多的香火，因此人神之间本质上是一种契约或者说交易关系，但这种状况并不适于描述宗族信仰。虽然人们祭祀祖先、重视宗族血缘也有期望祖先护佑赐福、宗族互帮互助的实用主义诉求，但总体上并非视其为一种契约或者交易，而是认为祖先对后代的护佑、后代对祖先的崇敬都是天然存在、理所应当的，是血缘关系自然而然的表现。这种观念起源于原始的氏族观念，但真正使其长久延续并始终在乡土社会中占据主导地位的，则是传统时期长期农业占据绝对主导的经济结构以及作为官方主流意识形态的儒家思想所推崇的宗法制度与孝悌之道（图 10-1）。

祠堂是祖先崇拜和宗族信仰的物质载体。上古时期，帝王、诸侯立宗庙祭祀祖先，但普通人不准设庙，如《礼记·王制》中说："天子七庙，三昭三穆，与太祖之庙而七。诸侯五庙，二昭二穆，与太祖之庙而五。大夫三庙，一昭一穆，与太祖之庙而三。士一庙，庶人祭于寝。"迟至唐末、五代时期，已有民间建造家族祠堂的记载，但仍属民间自行其是的做法。南宋朱熹在《家礼》中述及祠堂，详细描述了其形制，且放在第一卷的开篇，并解释说："此章本合在祭礼篇，今以报本反始之心，尊祖敬宗之意，实有家名分之守，所以开业传世之本也。故特著此，冠于篇端，使览者知所以先立乎其大者，而凡後篇所以周旋升降出入向背之曲折，亦有所据以考焉。然古之庙制不见於经，且今士庶人之贱，亦有所不得为者，故特以祠堂名之，而其制度亦多用俗礼云。"从儒家思想的角度较为正式地肯定了祠堂建造的意义以及祭祀近四世祖先的制度。明代嘉靖年间，礼部尚书夏言上《请定功臣配享及令臣民得祭始祖立家庙疏》，得到嘉靖帝的许可，自此对民间建造宗祠、家庙的限制愈加宽松，直接导致了明清两朝民间宗祠的大规模建造。此外关于宗祠、家庙的区别，不同时期、不同地域也有不同的理解。例如认为宗祠祭祀始祖，家庙

图 10-1　浙江义乌田心四村慎可公祠（今文化礼堂）
（来源：王新征 摄）

祭祀近四世祖先；或者认为家庙需得有官爵者方可建。就实例所见，明清时期，民间对两者的概念已较模糊，混用的情况比较普遍。

作为祖先崇拜和宗族信仰在建成环境中的反映，在大多数汉族地区和相当一部分少数民族地区的乡土聚落中，在整体的聚落格局中都会强调宗祠、祖庙所具有的重要地位。特别是最为重要的总祠，或位于聚落核心，或位于道路的枢纽位置，或位于地势较高处，并以之为中心，结合广场等形成聚落中重要的公共活动空间。大的聚落在总祠之外，还会有若干支祠。宗祠自身的形制一般较为发达，建造质量和装饰精美程度也往往是聚落中的最高水平（图 10–2）。大型的民居建筑群体，也常有在正面中心位置设置宗祠的（图 10–3）。

除了作为重要的信仰建筑对聚落整体结构和空间的影响外，祠堂自身也是乡土聚落中重要的公共活动空间。通常来说，祠堂虽然是以崇拜、祭祀、供奉为主要功能，但在建筑形式和空间氛围上并不刻意强调神秘、压抑的气氛。特别是在明清祠堂建筑形制的发展中，用于举行祭祀典礼的中堂（享堂）逐渐取代了寝堂成为祠堂建筑的核心空间，中堂空间多较高大、宽敞、明亮，视觉效果通透，适于各种类型公共活动的开展（图 10–4）。因此，在乡土聚落中，祠堂除了祭祀活动外，往往也是宗族重要的聚会议事、家法奖惩、婚丧寿喜、节日庆典、

图 10–2 | 图 10–3
图 10–4
（来源：王新征 摄）

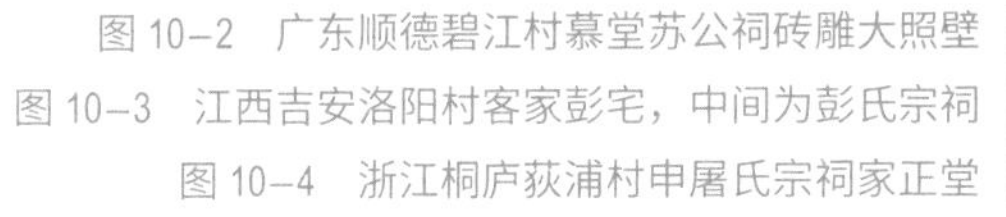

图 10–2　广东顺德碧江村慕堂苏公祠砖雕大照壁
图 10–3　江西吉安洛阳村客家彭宅，中间为彭氏宗祠
图 10–4　浙江桐庐荻浦村申屠氏宗祠家正堂

戏剧观演、棋牌娱乐的场所，是宗族的“公共客厅”（图 10-5）。也正是因此，即使在当代乡土社会宗族血缘的重要性已经被严重削弱的情况下，祠堂作为聚落或宗族公共客厅的功能仍然得到了很大程度的保留，并且增添了电视、电影放映、养老休闲、儿童娱乐等新的内容（图 10-6）。

也正是因为作为传统宗族文化和乡土公共生活的重要载体，在近代中国乡村的变迁中，祠堂虽然受到了一定冲击，但相对于民居建筑来说总体上仍得到较好的保存。在很多传统宗族文化较为发达的地区，至今仍有不少祠堂留存，并且仍在乡村公共生活中发挥着一定的作用。以湖南郴州汝城县的古祠堂群为例，在整个县域内，至今仍保存着明清时期的祠堂 700 余座，其中很多在选址、空间组织、建筑形式和装饰艺术方面都达到很高的水平。又如江西宜春万载县田下古城（图 10-7），现存多个姓氏的祠堂 20 余座，多采用颜色接近白色的作为墙体材料，具有鲜明的地域特色。类似的情况在两湖、安徽、江西、福建、广东等省的乡土聚落中均有较明显的体现。

10.2 广东祠堂

广东地区历史上族群和文化多样性强，广府民系、潮汕民系、客家民系三大民系各有源渊，各具特色，但彼此之间又有一定的联系和相互影响，此外雷州半岛的雷州民系、粤北的瑶族等规模较小、分布

图 10-5　山西榆次车辋村常家庄园常氏宗祠戏台
（来源：王新征 摄）

图 10-6　广东遂溪苏二村黄氏宗祠
（来源：王新征 摄）

图 10–7 江西宜春万载县田下古城民居与祠堂群（来源：杨绪波 摄）

范围较窄的族群也都具有各自的特色。但从总体上看，广东广府、潮汕、客家、雷州等汉族民系，均是北方中原地区汉族移民历史上持续南迁并与当地土著文明逐渐融合的结果，一方面保存了古代中原地区的文化传统，另一方面长期受移民文化影响，有较为强烈的宗族意识，宗族血缘成为乡土社会中最为重要的联系纽带。相应地，广东各地乡土聚落中聚族而居的人口比重一直相对较高。在这种情况下，广府、潮汕、客家、雷州聚落中的宗祠、家庙，一方面分布广泛，数量众多，在聚落中居于显要位置，成为整个聚落建筑群体和公共空间的中心，另一方面祠堂、家庙自身的建造质量也达到很高的水平，建筑材料考究，装饰精美华丽（图10–8）。如清屈大钧《广东新语》中记载：“岭南之著姓右族，于广州为盛，广之世，于乡为盛。其土沃而人繁，或一乡一姓，或一乡二三姓，自唐宋以来，蝉连而居，安其土，乐其谣

图 10–8 广东三水大旗头古村振威将军家庙（来源：李雪 摄）

俗，鲜有迁徙他邦者。其大小宗祖祢皆有祠，代为堂构，以壮丽相高。每千人之族，祠数十所，小姓单家，族人不满百者，亦有祠数所。其曰大宗祠者，始祖之庙也。”[1]

以广东郁南五星村的大湾祠堂群（图 10-9）为例，大湾寨为李姓聚族而居的村落，历史上曾出过进士、翰林，经商者亦众，宗族各房支富贵者甚多，促进了高质量的祠堂建筑群的建设。现村中保留有李氏大宗祠、象翁李公祠、诚翁李公祠、峻锋李公祠、禄村李公祠、洁翁李公祠、锦村李公祠、拔亭李公祠、介村李公祠、学充李公祠（广府聚落中支祠一般称“公祠”）等祠堂共计 19 座，均建于清代。祠堂体量不大，但装饰精美，镬耳山墙的做法更是极具广府地区的地域特色。祠堂成群集聚建造，排列整体，与广府聚落整体的“梳式”格局融为一体，成为聚落信仰和公共活动的中心。此外类似的还有德庆古蓬村，为陈姓聚居聚落，保存了包括陈氏宗祠在内的明清时期祠堂 16 座。其中，伯甫陈公祠（图 10-10）建于明万历年间，规模较大，工艺精湛。

再如潮州城区的己畧黄公祠，建于清光绪年间，为二进院落，规模不大，但木雕、石雕装饰精美。特别是后厅及抱厦梁架的金漆木雕（图 10-11），风格大胆，色彩金碧辉煌，多层镂空工艺精细，代表了潮汕木雕装饰技艺的最高水平。广州城区的陈家祠（图 10-12），又名陈氏书院，于清光绪年间由广东各地陈姓族人捐资建造，结合了

图 10-9　广东肇庆五星村大湾祠堂群
（来源：李雪 摄）

图 10-10　广东肇庆古蓬村伯甫陈公祠
（来源：谢俊鸿 摄）

[1]　出自《广东新语·卷十七 宫语·祖祠》。屈大均 . 广东新语 . 北京：中华书局 . 1985:464.

祠堂、书院和会馆的功能。祠堂规模宏大，布局严整，风格华丽，装饰精美，特别是对木雕、石雕、砖雕、陶塑、灰塑、铁艺等装饰技艺的综合运用，体现了岭南地区独特的建筑装饰风格。

10.3 徽州祠堂

徽州地区居民的主体，来自于北方黄河流域中原地区汉族移民自汉代到宋代因战乱等原因持续南迁、并与当地土著文明（古称“山越”，为“百越”的一部分）逐渐融合的结果。移民文化与地域自然和社会条件的交融，造就出徽州文化中强烈的宗族观念和族群意识，徽州聚落多为一个或几个大姓聚族而居，文化上以血缘关系作为维系社会结构的主要纽带。宋代以来，徽州地区文化昌明，程朱理学的奠基人程颢、程颐、朱熹祖籍皆在徽州，理学对徽州文化影响很大，并产生了地域性的理学学派——新安理学。理学的兴盛，进一步强化了徽州社会对宗族血缘和伦理纲常的重视。

图 10–11　广东潮州己署黄公祠梁架木雕（来源：王新征 摄）

图 10–12　广东广州陈家祠（来源：王新征 摄）

这种对宗族观念的重视也体现在徽州聚落的规划和建筑当中，聚落中祠堂不仅建筑形制较为发达，通常也是聚落空间格局上的中心。《寄园寄所寄》中记载：“新安各族，聚姓而居，绝无一杂姓搀入者，其风最为近古。出入齿让，姓各有宗祠统之，岁时伏腊，一姓村中千丁皆集，祭用文公家礼，彬彬合度。父老尝谓新安有数种风俗，胜于他邑，千年之冢，不动一抔，千丁之族，未常散处；千载之谱系，丝毫不紊。主仆之严，数十世不改，而宵小不敢肆焉。”[1] 祠堂常与广场、水塘等结合，成为聚落中重要的公共活动空间，本身的建造质量和装饰精美程度，也往往是聚落中的最高水平，故而徽州祠堂与牌坊、民居并称为“徽州三绝”（图 10-13）。

徽州祠堂的平面形式，以三进两天井的居多，自前向后依次为仪门、大堂（享堂）、寝堂。建筑多为单层，也有寝堂为两层的。徽州地区地方戏曲较发达，因此祠堂的仪门兼作戏台的做法也较多见。祠堂的大门，通常位于正面中间，沿对称轴线设置，附以多层披檐式门罩，成为立面和建筑整体外观的视觉中心。也有的大门采用内凹的八字门的形式（图 10-14），或紧贴外墙附加石制牌坊，

图 10-13 安徽歙县呈坎村罗东舒祠宝纶阁（来源：张屹然 摄）

图 10-14 江西婺源西冲村俞氏宗祠（来源：杨茹 摄）

[1] 出自《寄园寄所寄·卷十一 泛叶寄·故老杂记》。赵吉士．寄园寄所寄 卷下．上海：大达图书供应社．1935:261.

图 10-15 安徽祁门桃源村大经堂（陈氏宗祠）
（来源：王新征 摄）

进一步强化了大门的视觉效果。

以前文提到过的祁门桃源村为例，桃源村历史上为陈姓聚居，除大经堂（陈氏宗祠）外，还有持敬堂、保极堂、慎徽堂、思正堂、大本堂、叙五祠等共计九座祠堂。其中，大经堂（图 10-15）位于聚落入口，以封火山墙正对进村道路，设荷花池，祠前有前院，两侧开门作为进村的通道。大经堂的位置，既彰显了作为宗祠的重要地位，又具有景观功能和风水方面的考虑。再如歙县昌溪村历史上为多姓混居聚落，各姓均建宗祠、支祠，今尚存太湖祠、寿乐堂、承恩堂、怀远堂、理和堂、细和堂、明湮祠、思成祠、周氏宗祠、亮公支祠、爱敬堂等祠堂共计十余座。其中寿乐堂又名员公支祠（图 10-16），是吴氏家族的支祠，规模不大，但形制规整，用材考究，工艺精湛，装饰精美，祠堂前有木制门坊，将祠堂与坊前月池连为一体。

图 10-16 安徽歙县昌溪村员公支祠
（来源：江小玲 摄）

10.4 江苏无锡惠山祠堂群

传统时期，除了宗祠、家庙等基于宗族血缘关系，用于祭祀祖先的祠堂外，还有另一类祠堂，供奉和祭祀的对象并非家族祖先，而是历史上有名望的人，称作“公祠”，通常为官方出资或社会集资修建。明《永乐大典·卷五千三百四十三》引《三阳志》中记载：“州之有祠堂，自昌黎韩公始也。公刺潮凡八月，就有袁州之除，德泽在人，久而不磨，于是邦人祠之。”就是关于建造公祠的记载。韩愈被贬为潮州刺史，治潮八月，有功于地方，潮州人感恩，世代建祠供奉，今仍存明清所重修之韩文公祠（图 10–17）。

江苏无锡惠山祠堂群，就是公祠集中建设的典型实例。惠山祠堂群位于无锡西郊，惠山东麓，至今保存着 118 座祠堂建筑。这些祠堂中部分由官方出资或民间集资建造，用于祭祀先贤名士，例如华孝子祠（图 10–18）、至德祠、尊贤祠、报忠祠、五中丞祠等，属于典型的公祠。也有一部分由居住于无锡的裔孙出资或集资创建，作为合族共祀的总祠或宗祠，例如钱武肃王祠、文昌祠、胡文昭公祠、倪云林先生祠（图 10–19）、范文正公祠等，此外华孝子祠等部分官建祠堂也被用作合族共祀的总祠。这类祠堂虽然带有宗祖祭祀的性质，但相

图 10–17　广东潮州韩文公祠
（来源：王新征 摄）

图 10–18　江苏无锡惠山华孝子祠
（来源：王新征 摄）

比聚族而居之地所建造的祠堂、家庙，主要目的更侧重于宗族精神和显赫历史的展现，祭祀对象也都是宗族先贤，带有很强的公祠的性质。除此之外，惠山祠堂群中也有大量普通的家祠，但整个祠堂群的盛名，仍是来自于公祠。

惠山祠堂群的缘起，带有强烈的官方意识形态色彩。明清两代官府，均重视家族教化，以强化“家国天下”的社会结构。因此一方面由官方出资建造公祠，宣扬忠孝节义；另一方面也推动民间合族立祠，祭祀家族先贤，同样是出于强化忠孝节义思想的目的。从这个意义上讲，公祠的功能和意义，纪念强于祭祀，弘扬强于追思，在很大程度上类似于当代的名人纪念馆，其作为公共空间的性质要远远超过普通的祠堂、家庙。

图 10–19　江苏无锡惠山倪云林先生祠（来源：王新征 摄）

11 门头巷尾

由于建造场地和成本的限制，除少数实例外，乡土聚落中的民居建筑通常规模不大、形制简单，很难设置大面积的室外场地或多层次的空间过渡，因此在营建中常需要在有限的场地内通过空间设计的手法来实现公共空间与私有领域的明确划分和有效转换，这一点在密度较高的聚落中体现得尤为明显。

11.1 乡土聚落中的空间过渡

无论是传统时期还是当代，城市还是乡村，私有领域与公共领域的关系始终是空间营造中的核心问题之一。中国传统建筑大多通过内向型的合院形式，来实现家庭生活的私密性，但仍无法回避居住建筑与城市或乡村公共环境之间的交接和过渡问题。在现代城市中，协调这种关系主要通过两条途径：一是法律对于土地权属及其相互关系的清晰界定，二是多层次的过渡空间系统，从街区、社区之类偏于公共性但带有一定归属感和领域感的空间范围，到类似于居住小区外部空间、集合住宅公共部分这样附属于私有领域同时也带有有限的公共属性的空间类型，为公共空间和私有领域之间行为和心理的过渡建立了充分的缓冲。但在传统时期的乡土社会中，这些条件在大多数情况下并不具备。

同时，另一个也许更为重要的问题是，作为私人居所和财产的民居建筑以何种姿态面对公共空间。这里所谓的姿态，无论是积极的或是消极的，扩张的或是收缩的，外向的或是内敛的，都不关乎功能问题，也并不具有严格意义上的强制性，而更多的是一种心理意义和文化意义上的主动选择。

当然，在实际的建成环境中，即使在姿态上的选择近似的情况下，民居建筑与公共空间之间关系的具体形式也会导致所采用的空间过渡手法的明显差异。其中，用地规模的限制作用尤其明显，用地和建筑规模的严格限制使得多层次的空间过渡和复杂的形式语言都不具有可行性，而宽裕的场地条件和空间资源无疑使得手法和技巧的选择具有更多的可能性。

11.2 避、退、舍、让：门的姿态

总体上看，在面对公共空间的时候，私人建筑表现出一定程度的退避姿态，主动让渡出部分空间权益在乡土聚落中是一种普遍的现象。这种现象超越了地域的边界，甚至在很大程度上超越了具体的空间情境，以至于很难认为这仅仅是一种手法或者趣味的选择。考虑到传统时期并不存在对此予以明确规定的法律或规范，这种不约而同的营建态度显然无法仅仅被认为是一种偶然，而是与传统时期乡土社会和乡土聚落的现实情况紧密地联系在一起。从生产条件来看，成熟的农业生产模式保证了人口的规模，对农业的依赖则使建设用地受到严格限制，由此产生的传统时期乡土聚落普遍的高密度状态，使得私有领域侵占公共空间资源的情况几乎不可能普遍存在；从政治环境来看，长期中央集权政治体制的影响，不仅体现在严格的建筑等级制度对民间建筑的规模、格局、形制、色彩、装饰等方面，也造就了民间建筑整体上低调、内敛、不事张扬的营造态度；从文化环境来看，作为主流意识形态的儒家思想所倡导的折中调和的处事态度和“温良恭俭让”的道德准则，不仅体现在个人的道德修养中，也反映在乡土社会的宗族治理和民间规约当中；从审美趣味来看，诸如“卑宫室”[1]“茅茨不翦，采椽不刮”[2]等将形而下的建筑形式与形而上的道德标准

[1] 出自《论语·泰伯第八》中孔子称赞大禹的话：“非饮食而致孝乎鬼神，恶衣服而致美乎黻冕，卑宫室而尽力乎沟洫。”

[2] 出自《史记·卷一百三十·太史公自序第七十》：“墨者亦尚尧舜道，言其德行曰：‘堂高三尺，土阶三等，茅茨不翦，采椽不刮，食土簋，啜土刑，粝粱之食，藜藿之羹。夏日葛衣，冬日鹿裘。’其送死，桐棺三寸，举音不尽其哀。”

联系在一起的观念，也在阻止作为民间社会审美主要主体的知识阶层过分地追求突出建筑的外观形象，正如梁思成在《中国建筑史》中所言："古代统治阶级崇向俭德，而其建置，皆征发民役经营，故以建筑为劳民害农之事，坛社宗庙，城阙朝市，虽尊为宗法，仪礼，制度之依归，而宫馆，台榭，第宅，园林，则抑为君王骄奢，臣民侈僭之征兆。古史记载或不美其事，或不详其实，恒因其奢侈逾制始略举以警后世，示其'非礼'；其记述非为叙述建筑形状方法而作也。此种尚俭德，诎巧丽营建之风，加以阶级等第严格之规定，遂使建筑活动以节约单纯为是。崇伟新巧之作，既受限制，匠作之活跃进展，乃受若干影响。"[1]

图 11–1　北京延庆榆林堡村民居金柱大门（来源：郑李兴 摄）

图 11–2　福建泉州漳里村蔡氏古民居大门塌寿（来源：李雪 摄）

以最简单的民居入口的形式为例，在建筑的入口设置缓冲以应对雨水等恶劣天气是非常普遍的功能需求，而对于这一需求的回应，乡土建筑中较少采用凸出于墙面的雨篷的形式，而是将大门后退，让出空间作为缓冲，这种做法在南方多雨地区的乡土聚落中表现得最为典型，在北方地区也不少见。例如，北京民居中的广亮大门、金柱大门（图 11–1），闽南、潮汕民居中的凹肚门楼（闽南地区称"凹寿""塌寿"）（图 11–2），广府、雷州民居的凹斗门（图 11–3）等，均已成为地域建筑风格中具有典型性的做法。山西沁水西文兴村柳氏民居司马第的

[1]　梁思成．中国建筑史［M］．天津：百花文艺出版社，1998:18-19.

大门（图 11-4），与建筑等高，气势宏大，石雕、木雕精美，门上饰以九层斗拱，严格来讲已有逾制之嫌，但仍采用大门由墙面内凹后退的形式，可见观念之深入人心，并不因家世、功名或财富而有逾越。

图 11-3　广东遂溪苏二村民居大门（来源：王新征 摄）

大门后退的做法，在提供了居住建筑与公共空间之间的过渡和缓冲的同时，客观上也丰富了建筑立面的层次，增加了光影变化，增强了建筑的立体感。对于公共空间来说，也使得街巷空间更加丰富多变。同时，在很多地区的民居建筑中，针对大门后退的做法发展出与之相对应的建筑装饰做法体系，强化了大门作为建筑立面和整体造型视觉中心的地位（图 11-5）。

同时，这种基于功能需求和文化观念产生的建筑形式被普及后，往往又被附加一些额外的意义。例如，大门内凹形成八字门、建撇山影壁的做法，常被与藏风聚气的风水观念联系在一起，实际上也是退让形成空间过渡的做法，在徽州等地官宦人家的民居、祠堂中较为多见，特别是与多层披檐式门楼相结合，避免门楼凸出墙面（图 11-6）。

图 11-4　山西沁水西文兴村柳氏民居司马第大门（来源：王新征 摄）

图 11-5　广东澄海观一村民居凹肚门楼装饰（来源：王新征 摄）

乡土聚落中采用退让的方式来缓和居住建筑与公共空间之间关系的做法不仅仅限于建筑的大门。例如，当民居建筑邻近街巷转角时，常常会在建造中采用抹角退让等措施，以改善生硬的转角对街巷空间的消极影响，同时也避免墙体转角在使用中受到磕碰（图 11-7）。

11.3 遮、挡、转、折：视线的控制

关于建筑出入口空间组织的另一个问题是视线的问题。是提供通透的视觉效果还是对建筑内外之间的视线交流予以严格的控制，对应着完全不同的入口空间组织模式。对这个问题的不同回答，意味着对私密性与公共性、私有领域与公共空间关系问题的不同理解。在传统乡土社会农业生产占据绝对支配地位的背景下，土地私有制和以家庭为单位的个体经济导致了对家庭私有财产和隐私的高度重视。因此，在对上述问题的回答中，大多数地区的乡土民居选择的答案都是后者。同时，也存在为这种控制视线的需求附会某种文化内涵的情况，例如聚气、挡煞、聚财等。

中国传统建筑中对视线控制问题给予的最重要的答案就是影壁。影壁，南方多称照壁，是专门用于遮挡视线的墙壁，一般位于大门内或外正对大门的位置，其中位于大门之内的称为内影壁，位于大门之外的称为外影壁。按照位置和与建筑的关系，影壁可以分为座山影壁、

图 11-6　浙江义乌殿口商村延陵宗祠大门（来源：王新征 摄）

图 11-7　山西吕梁碛口古镇民居砖砌墙体转角（来源：王新征 摄）

独立式影壁，撇山影壁等，独立式影壁按其形状不同又可以分为一字影壁和八字影壁（图 11-8）。

影壁在中国各地的民居建筑中应用普遍，并结合影壁的使用形成多样化的建筑入口空间组合。例如，北京、河北、山东（图 11-9）等地民居的大门一般位于整座建筑的东南部位，有位于角部的，也有空出一个小间的。大门内置影壁，有独立式的，也有座山式的，有的大门外还有独立式影壁。大门之内，通过一个小的入口院落，将流线转向中轴线上的前院，前院和内院之间沿中轴线设礼仪功能的二门。其他南北方各地乡土民居对影壁的使用大致与之类似，无论主入口位于建筑正面的明间还是东稍间，均有在大门内置座山式影壁（图 11-10）或独立式影壁的做法，有条件的还在大门外建独立式影壁。此外还有一些因地制宜的地域性的影壁做法，例如山西山地窑房聚落中的风水影壁、城镇聚落中跨街而建的跨街影壁（图 11-11）、水乡聚落

图 11-8 | 图 11-9
图 11-10 | 图 11-11
（来源：王新征 摄）

图 11-8　江苏徐州户部山古民居崔家大院下院八字影壁

图 11-9　山东龙口丁氏故宅履素堂影壁、屏门

图 11-10　陕西西安北院门高家大院座山影壁

图 11-11　江苏扬州杨氏住宅跨街影壁

中跨河而建的跨河影壁等。再如扬州民居中常有正对大门设置“福祠”的做法，实际上也是座山式影壁的一种变体（图 11–12）。

无论是座山式影壁还是独立式影壁，均位于民居中重要路径的转折之处，同时也是行进中视线的焦点，因此其视觉效果得到充分的重视。影壁一般由下碱、上身、瓦顶组成。上身一般采用方砖心做影壁心，上身和瓦顶之间一般用砖檐装饰。影壁在民居建筑中常常是装饰的重点，砖细、砖雕精美（图 11–13）。

影壁的使用，不仅实现了对行进路径和视线有意识的控制，保证了居住建筑的私密性，同时影壁与大门所界定的空间，也成为建筑空间和公共空间之间的缓冲和过渡，丰富了建筑立面的层次，特别是外影壁的做法，一定程度上实现了私有领域与公共空间的交织，营造出对于邻里交往具有积极促进作用的公共空间形态（图 11–14）。

除了影壁之外，还有其他一些控制视线、缓和私有领域和公共空间之间冲突的做法。例如，江西平原及低缓丘陵地带分布的合院式民居（图 11–15），平面格局一般比较规则，常为中轴对称的形式，大门中开。因聚落中街巷形态多不规则，为适应街巷的方向，往往又在大门外设前院，前院的院门通常开在角部，也起到转换动线、遮挡视

图 11–12　江苏扬州汪氏小苑福祠、二门
（来源：王新征 摄）

图 11–13　甘肃临夏东公馆砖雕影壁
（来源：王新征 摄）

图 11-14 山西阳泉官沟村民居与影壁
（来源：王新征 摄）

图 11-15 江西金溪上张村民居前院、院门
（来源：李发美 摄）

线的作用。此外，当乡土聚落中的建筑的大门面向道路时，往往将大门扭转一个角度，避免与街道正对，也有一定的控制视线的作用。

11.4 缓冲、序列、引导：空间的层级

相对来说，大型民居拥有更为宽裕的场地条件和空间资源，使其在处理建筑与外部空间的过渡和缓冲问题时拥有了更多的选择，可以通过设置不同公共性程度的室外场地或多层次的空间过渡来实现对人的行为和视线的有效控制。

以山西的大院民居为例，山西乡土聚落中的大型民居一般为围绕多个院落的组合，三进的院落较为多见，也偶有四进、五进的例子，当规模进一步扩展或纵向延伸受限时，则采用多组院落横向并联的做法，也有在主院两侧设“跨院”的。清代中后期以来，山西的豪商巨贾之家，人口众多，同时住宅亦要负担部分对外功能。因此，常在住宅中设东西向的甬道（图 11-16），一般在甬道东端设大门。甬道将

图 11-16 山西榆次车辋村常家庄园甬道
（来源：王新征 摄）

住宅一分为二，北部为内宅，容纳家庭活动和居住功能，横向并列的各院均向甬道设门，同时各院之间也有门相连。甬道南部为外宅，具有客房、账房、厨房、书房、戏台、药铺等公共性较强的功能，保证了内外有别。而甬道实际上成为住宅内部的街道，既属于居住建筑的一部分，又具有较强的公共性，成为内宅与外界之间的缓冲和过渡空间，反映了传统民居功能格局适应传统社会晚期经济结构和社会生活的发展而产生的变化（图 11–17）。

再如广东潮汕乡土聚落中的大型民居，民居正门之前的“阳埕”，一面与主厝邻接，另三面通常有较低矮的“埕围”，在两侧设门，或建与护厝相连的门楼，对阳埕形成围合，近似于三合院的形式。阳埕具有较高的空间开放度，埕围通常较低矮，不遮挡视线，如果埕围高过视线，则一般会采用能够让视线穿透的构造形式，也有较小的厝埕不设围墙的。这就使得厝埕成为介于庭院和广场之间的空间，既维持了一定程度的私密性，又保持了视线的通透和邻里交流的可能性，从而成为建筑与聚落公共空间之间的有效过渡。

又如浙江东阳卢宅村的卢宅（图 11–18），规模宏大，由肃雍堂、树德堂、大夫第、方伯第、柱史第、世进士第、五台堂等多组南北朝

图 11–17　山西太谷北洸村三多堂（来源：王新征 摄）

向的多进院落组成，其中肃雍堂轴线为建筑群的主轴线。在卢宅的鼎盛时期，从宅外进入到肃雍堂组团的路径如下：从街口穿方岳重臣坊进入东西向的门巷（今卢宅街），自西向东穿过柱史坊后在砖雕大照壁转向南北向的入口轴线，依次穿过风纪世家坊、大方伯坊、旌表贞节之门三座牌坊后从大夫第门坊前转向西，通过东西向的宽阔甬道到头后再转向北，才能进入作为肃雍堂大门的捷报门（图 11-19）。整个建筑群体入口空间层次丰富，路径曲折复杂，既保持了入口空间序列适度的开放性和礼仪性，又保证了住宅主体空间的私密性。

图 11–18　浙江东阳卢宅村风纪世家坊、大方伯坊、旌表贞节之门
（来源：王新征 摄）

图 11–19　浙江东阳卢宅村卢宅入口空间（来源：王新征 摄）

12 柴米油盐

“日常性”与“仪式性”是一对相对的概念，代表了一种对公共活动属性的划分。相对来说，日常性活动代表了公共活动中更为常态化、与日常生活关联更紧密的部分。对于个体来说，日常性生活塑造着人的性格；对于聚落来说，日常性活动也极大地影响着聚落的结构。与这种日常性活动相关联的公共空间，往往也与聚落的生产、生活结合得更为紧密。

12.1 乡土聚落日常生活与日常性空间

日常生活占据了从每个个体到整个社会的绝大部分活动时间。大多数情况下，人们每天的生活和前一天没有什么不同，走过同样的路，来到同样的地方，面对着差不多的人，做着相似的事情，这种情况到今天也没有发生本质的变化。而在传统的农业社会中，被束缚在土地上的人和超稳定的社会结构，必然导致日常性活动在乡土社会公共活动中占据更高的比重。

同时，与当代乡村或是那种想象中理想化的乡村生活相比较，传统时期乡土聚落日常生活中的闲暇时间实际上是非常短的。近代以来，农业工具和机械的发展，以及化肥和农药的普及，已经大大降低了农业生产的劳动强度。在传统时期不具备这些条件的情况下，农事劳动实际上已经占据了日常生活的绝大部分时间。而手工工业和商业固然能带来收入的增加，但总体劳动强度比之于农业更是有过之而无不及。“日出而作，日落而息”的描述，固然带有前现代时期的浪漫气息，更多的却是乡土社会日常闲暇缺失的真实写照。

在传统时期的乡土聚落中，营建活动是在漫长的历史中逐渐完成的，在这种情况下，日常空间和非日常空间的比例与日常活动和非日常活动的比例会基本吻合。因此，与日常性活动在生活中所占的比例相对应，从规模来看，日常性空间也占据了乡土聚落空间的主要部分。即使将所有的居住空间排除在外，乡土聚落中农事、商业等服务于日常生活需求的建筑和空间仍占据了相当大的比重。

如前文所言，农事活动本身就是乡土聚落中最重要的日常活动，并在实际上占据了乡土聚落日常生活的绝大部分内容，因此，农田以及承载农事活动的其他聚落外部空间本身也就成为聚落中日常活动最重要的载体。捕捞、养殖、酿造、烤烟、制陶、烧砖等其他地域性的生产活动在一些地区的乡土聚落中部分替代了农业生产的地位，成为日常生活的主要内容。而在传统社会晚期以来，受商业活动影响比较大的聚落中，商业活动也在日常生活中占据着越来越高的比重。

此外需要注意的是，传统社会晚期以来，乡土聚落的经济结构、生产方式、生活方式已经发生了巨大的变化，无论是日常性活动与仪式性活动的内容，还是其在聚落公共活动中所占据的比重，都已经发生了彻底的变化。在这样的背景下，一些传统的公共空间即使在形式上仍然保存着旧有的面貌，与公共活动的关联也可能与传统时期截然不同。一方面，信仰类建筑等精神性空间的神圣性可能被弱化，并结合功能需求的变化被赋予新的意义。例如黔东南侗族聚落中以鼓楼为中心的公共空间，今天往往承载着更为日常化的公共活动内容（图12-1）；另一方面，传统的礼仪性活动可能在当代被赋予新的涵义，其属性也相应发生转变。例如传统上作为少数民族聚落中重要仪式性活动的节庆歌舞，因应当代乡村旅游发展的需要，正在成为聚落居民日常

图 12-1 贵州黔东南肇兴侗寨，鼓楼坪上的商业推销活动（来源：王新征 摄）

工作的一部分（图 12–2）。

12.2 浣洗空间与女性日常生活

浣洗活动是传统时期乡土聚落女性日常性活动的核心内容。在传统中国的乡土社会中，基于经济结构、生产模式、家庭结构和性别文化的原因，男性和女性社会角色的区分是非常明显的。特别是在汉文化区的乡土聚落中，家庭中的男性成员一般承担了农事、手工业生产和商业活动中的绝大部分工作，而女性成员的角色则被更多和家庭生活联系在一起。清扫、一日三餐、照顾孩子和老人，构成了女性日常生活的主体内容，但这些活动总体上并不具有公共性，这使得女性成员在很大程度上被从聚落的日常公共活动和公共空间中剥离出来。此外，在很多地方的乡土聚落中，一些公共活动和公共空间类型甚至直接对女性的参与资格做出限制。例如，一些少数民族聚落中的房屋营建活动限制女性的参与，而在汉文化区，女性不能进入祠堂也是一个相当普遍的风俗。

在这种种因素的限制之下，使得浣洗活动实际上成为了乡土聚落中女性成员几乎唯一的日常公共活动形式。浣洗活动必须在滨水的公共环境中进行，同时需要比较长的时间，因此不仅具有功能意义，也是聚落中女性成员交往的最为集中的时间。关于这一点的一个例证是，作为传统文化中男性职业身份的代表，“渔、樵、耕、读”既分别代表了一种行业，同时也代表了农业社会中的一种具有普遍性的行为或活动模式。而相对应的描述女子典型行为的“西施浣纱,昭君出塞,貂蝉拜月，贵妃醉酒”，则只有浣洗行为是一种具有普遍性意义的活动

图 12–2　贵州黔东南西江苗寨，歌舞表演
（来源：王新征 摄）

模式，这无疑彰显了浣洗行为作为传统社会女性身份代表的意义。

乡土聚落中的浣洗空间，部分完全依托自然水体形成，部分则为方便浣洗行为的开展添加了简易的设施，同时在一些实例中，也有针对浣洗活动的需要，专门地设计相关设施或者空间的做法。

贵州黔东南榕江县的三宝侗寨，由都柳江支流寨蒿河沿岸的多个村寨组成，绵延 15 公里。三宝侗寨中，民居大体沿江成线性布置，河堤边有鹅卵石铺砌的小路，当地称花街（图 12-3）。沿河堤有护堤榕树，据记载已有三百多年历史。河水总体上较为平缓，卵石密布的河滩适合浣洗活动的开展。古榕树的树荫使河滩的环境舒适宜人，巨大的树冠赋予了滨水空间强烈的场所特征，使滨水的浣洗空间成为聚落中重要的日常性公共空间（图 12-4）。

江西的平原地区多以河积、湖积平原为主，地势地平，河湖密布，同时江西又是中国风水文化的重要发源地之一。从风水观念以及充分利用自然要素改善居住环境的角度出发，江西乡土聚落中注重对自然要素的利用和改造，特别是在聚落理水方面，很多聚落中都有天然或人工兴建的溪流、水塘，既保证了聚落日常生活以及消防用水的需要，也能够改善局部小气候，优化聚落景观环境。滨水常设置若干青石埠头，便于浣洗活动的开展，也丰富了滨水岸线，增强了滨水空间的场所感（图 12-5）。

图 12-3 | 图 12-4
图 12-5

图 12-3　贵州榕江三宝侗寨花街
（来源：王新征 摄）

图 12-4　贵州榕江三宝侗寨滨水浣洗空间
（来源：王新征 摄）

图 12-5　江西金溪县小耿村池塘与浣洗空间
（来源：邵佳明 摄）

南方平原地区的乡土聚落，常有在聚落核心位置依托泉水或溪流扩建水塘的做法。例如安徽黟县宏村的月沼、浙江兰溪诸葛村的钟池、浙江金华寺平村的七星伴月塘等（图 12-6）。这些水塘既是村内水系的中心，也是居民日常浣洗活动集中的所在，同时往往还沿水塘设置宗祠、书院等重要的公共建筑，使聚落的精神信仰、聚会议事、文化教育活动汇聚于此，成为聚落日常公共活动的中心（图 12-7）。

此外，在一些地下水资源较丰富的聚落中，公共的水井不仅用于生活取水，还具有浣洗的功能。这类水井一般是利用地下涌出的泉水，采用石材砌筑成较浅较宽的水池，并在周边设置台阶，以便于取水和浣洗（图 12-8）。为了便于区分不同的取水需求，这类水井常采用“三眼井”的形式，即修建不同高差的三个取水口，自高向低分别用于取水、洗菜、洗衣，以防止污染，保证卫生。因容纳了浣洗功能，这类水井通常会成为较单纯取水的水井而言更为重要的公共空间，铺设面积较大的石质地面，并种植大树遮阴，成为聚落中重要的公共活动节点（图 12-9）。

图 12-6　浙江金华寺平村（来源：王新征 摄）

图 12–7 浙江金华寺平村七星伴月塘与百顺堂（戴氏宗祠）（来源：王新征 摄）

图 12–8 湖南岳阳张谷英村水井
（来源：王新征 摄）

图 12–9 云南丽江大研古镇石榴井
（来源：王新征 摄）

12.3 浙江义乌倍磊村龙皇亭

受限于聚落整体规模和经济水平，相对于当代城市来说，传统时期乡土聚落中公共空间的规模、类型和形式都受到较严格的限制，特别是在对农业高度重视的背景下，浪费过多的土地来营建公共空间几乎是不可能的。因此，乡土聚落公共空间总体上具有功能分化程度较低的特征，即通过较高的功能复合化程度来实现在有限的空间和成本限制下满足多样化的公共活动需求。就本章的内容而言，这体现在日常性活动和仪式性活动，以及日常性空间和仪式性空间的高度关联性和重叠上。

从公共活动的类型来看，如前文所言，传统时期的节日庆典等仪式性活动大多起源于某种日常性活动，并在长期的生产生活实践中逐步确立下来并被赋予某种精神或文化意义，例如各类与节气相关的庆典活动，起源于春种、秋收等农事的仪式活动，祈雨等与农事相关的信仰或祈禳活动，与各类手工业生产相关的鲁班庙、伯灵翁庙、陶师庙等的祭祀活动等。这些仪式性活动的空间往往与相关的日常性活动的空间邻近或结合设置。

此外，无论是民间信仰的庙宇还是节庆仪式的场地、戏台，在乡土聚落中其功能往往是复合性的，不仅仅有祈禳、观演等仪式性的功能，还往往伴随着其他类型的公共活动，例如在邻近庙宇设置庙会等商业空间等。这种建筑和空间功能的复合化适应了乡土环境中公共空间的数量和规模整体上较为有限的状况，也使日常性空间和仪式性空间紧密结合在一起。在很多实例中，这种结合实际上造就了乡土聚落公共空间中最富于魅力的部分。

以浙江义乌倍磊村的龙皇亭为例，倍磊村位于义乌市佛堂镇，历史悠久，在传统社会晚期义乌地区商业逐渐兴盛的时期，倍磊村因临近官道和码头，成为义乌地区重要的商业集镇，聚落规模也增长较快，有“烟灶上千”“十七祠堂十八殿”的描述，今天整个聚落包含四个行政村，人口超过 4000 人。

虽然在近代以来的城乡变迁中已经发生了巨大的变化，但倍磊村聚落的整体结构大体上仍然得到了保存，特别是作为传统时期商业中心的老街至今仍是聚落结构的主体骨架（图 12-10），虽然已不复昔日繁华，但仍在一定范围内发挥着商业街道的功能，街道界面也依稀可见旧貌（图 12-11）。此外，村中尚存仪性堂、敬修堂、九思堂等数十座大体保存

图 12-10　浙江义乌倍磊村
（来源：王新征 摄）

了旧貌的寺庙、祠堂、厅堂和民居，形制严整，装饰精美，反映了聚落盛期的繁华（图 12–12）。

倍磊村聚落水系发达，东溪、西溪两条溪流自南向北穿村而过，有多条支流延伸到聚落各处，并沿溪流和支流修建水塘、水池多处，供取水、消防之用（图 12–13）。

龙皇亭位于倍磊老街与东溪交汇之处，跨老街和东溪而建，为四柱重檐歇山顶亭式建筑，亭顶有八角形藻井，做工精细（图 12–14）。亭北建龙皇庙，为三开间二层双坡硬山屋顶建筑，庙内供奉龙王神像（图 12–15）。亭南临溪建水池，与溪流之间以毛石相隔，通

图 12–11 浙江义乌倍磊村老街（来源：王新征 摄）

图 12–13 浙江义乌倍磊村水系（来源：王新征 摄）

图 12–12 浙江义乌倍磊村仪性堂（来源：王新征 摄）

图 12–14 浙江义乌倍磊村龙皇亭、老街、东溪（来源：王新征 摄）

过过滤保证水池水质，溪上架石板利于浣洗，并有台阶通向街道（图12-16）。

图 12-15　龙皇亭与龙皇庙（来源：王新征 摄）

图 12-16　龙皇亭与浣洗空间（来源：王新征 摄）

在以龙皇亭为核心的这一组公共空间中，东溪、老街、龙皇亭、龙皇庙、水池等元素完美地结合在一起，在空间非常有限的节点中解决了交通、取水、浣洗、信仰崇拜等多重功能，龙皇亭的标志性设置提示了街道空间中这一重要节点的存在。同时一些细节也能够体现营建者的匠心：水池和浣洗空间的设置巧妙地利用了老街与东溪交汇自然形成的高差，既使取水和浣洗空间相对从街道独立出来，有利于保持清洁卫生，同时高差形成的仰视视角也突出了龙皇亭、龙皇庙作为信仰崇拜空间的地位（图 12-17）。这一点亦体现在龙皇亭的材料和构造细节当中，龙皇亭的四根亭柱，南侧两根为方形石柱，北侧两根则为倒海棠角、截面介于方形和圆形之间的木柱。这种做法，固然有南侧临水，而采用石柱避免潮湿易腐的功能性原因，但更多的则是体现出对于营建者而言，龙皇亭尽管在形式上主要是跨于老街之上，歇山屋顶的朝向也是面向街道，但亭下空间的主要指向实际上是来自于南北向的龙皇庙轴线的自然延伸（图 12-18）。

倍磊村龙皇亭的公共空间节点，充分地展示出在传统时期的乡土聚落中，日常性的取水、浣洗空间是如何与仪式性的信仰崇拜空间融合为一体，并通过空间要素与“水”这一聚落中的核心元素的关联而获得其共性的（图 12-19）。

图 12-17 | 图 12-18

图 12-19

（来源：王新征 摄）

图 12-17　龙皇亭结构与细部

图 12-18　龙皇亭的空间指向

图 12-19　浙江义乌倍磊村龙皇亭公共空间节点

13 悦人娱神

与日常性活动相对，仪式性活动代表了聚落公共活动中更具超越性、更不同寻常的那一部分，例如聚落中的婚丧寿喜以及各类节日庆典。仪式性活动与乡土聚落的文化、风俗、信仰、规约之间存在着更为直接的联系。因此，与仪式性活动相关联的公共空间即便使用频率并不高，往往也能够成为聚落整体结构和公共空间系统中具有重要意义的核心。

13.1 乡土聚落仪式活动与仪式性空间

日常性活动代表了公共活动与日常生活关系更为紧密的那一部分，因而无疑在整个公共活动系统中占据了更为基础性的地位。但另一方面，在生活的日复一日中，每个人都在期望着有些不一样的事情发生。这种非日常性的生活在时间上所占的比例更小，但却是生活中重要的一部分，它满足了人心底的渴望，使得日常生活的单调变得可以忍耐。相应的，有一些空间类型是专门为非日常性体验服务的，其功能与聚落中大多数人的日常生活无关，而是服务于某种特定的活动需要，人们可能会在一个月或者一年中特定的一些日子才会使用这个空间。

在人类社会早期，由于活动范围狭小，活动方式单一，除了意外事件，仪式和庆典应该是主要的非日常活动类型，同时由大量的人共同完成的非日常活动，往往都带有仪式的特征，因此非日常性活动也可以称之为仪式性活动。最早的仪式大都与对自然和神灵的祭祀活动有关，但在其后的演化中逐渐融入越来越多的世俗要素。实际上，大

型仪式性活动的一个特点是，在活动中大多数参与者未必是在意活动的目的本身，而是被解脱于平凡的日常生活的超越感所激励。并且，不论仪式活动最初的起源是什么，经过足够长的时间后，大多会发展成一种纯粹的庆典行为，人们会按照约定俗成的惯例完成某个仪式，但可能已经不是为了最初的原因。

传统时期乡土聚落中主要的仪式性活动大体上包含如下几种类型：

首先是婚丧寿喜等民俗活动。从这些活动本身的内容和意义来看，均是有关于个体成长过程中的特定节点，因此实际上是家庭内部的事务，本不该属于公共活动的范畴。但在传统时期乡土聚落的熟人社会中，一个家庭的节日往往会成为整个聚落欢庆的契机，而在单姓聚居的宗族血缘型聚落中，这一点会表现得更为明显。即使在今天，在很多乡土聚落中，这种状况仍然在一定程度上存在。传统上，根据地域习俗的不同，婚丧寿喜等活动有在住宅中进行的，也有在祠堂等公共空间内进行的。即使是在家庭中进行，正式仪式之前和之后的很多环节仍与公共空间密切相关（图 13-1）。

其次是崇拜、信仰和祭祀活动。无论是佛教、道教等制度性宗教，还是类型丰富的民间信仰，又或是在乡土社会普遍存在的宗族信仰，都有特定的祭祀仪式，以及相对应的公共空间类型，同时从中国传统时期信仰类建筑空间形态的发展来看，无论是寺观还是祠堂，其发展趋势都是愈来愈重视可供举行仪式而不仅仅是供奉的空间（图 13-

图 13-1

(a) 浙江东阳李宅村集庆堂喜宴
（来源：王新征 摄）

(b) 安徽歙县唐模村白事
（来源：张屹然 摄）

2）。关于信仰类公共活动和相对应的公共空间，前文中已有较详细的阐述。

再次是各种节日庆典活动。乡土社会的节日庆典大多起源于某种日常生活活动，并在长期的生产生活实践中逐步确立下来并被赋予某种精神或文化意义，包括各类与天象、物候、历法、节气相关的庆典活动，起源于春种、秋收等农事环节的仪式活动等。此外还有一部分节日起源于原始时期的信仰崇拜，但在其后的发展中大多也已经从信仰活动的神秘气氛中解放出来，转变为以大众娱乐为主要形式的节庆活动。节日庆典活动所涉及的空间类型比较广泛，特别是类似汉文化区的春节、藏族的藏历新年、彝族的火把节、傣族的泼水节这样的重要节日，节庆活动的范围可能会包括从住宅、祠堂、庙宇到道路甚至广场的整个聚落空间（图 13-3）。

最后是娱乐性质的仪式性活动。如前文中提到的，传统时期乡土聚落日常生活中的闲暇时间实际上是非常短的，农事劳动等生产性活动占据了日常生活的绝大部分时间。因此，相对于当代社会的泛娱乐化状态，传统时期的娱乐活动是真正意义上的非日常性活动。歌舞、戏剧、曲艺等娱乐活动的起源大体上也与信仰崇拜、节日庆典、婚丧寿喜等活动相关，并且成为上述仪式性活动的主要内容之一，但在发展中也具有了一定独立性，可以与上述活动脱离而独立开展。在仪式性活动对空间的需求方面，歌舞、戏剧、曲艺等娱乐活动一般要求有专门化的表演和观演空间（图 13-4）。

图 13–2　浙江金华汤溪镇汤溪城隍庙（来源：王新征 摄）

图 13–3　浙江东阳李宅村蟾塘，村民在准备春节的荷花灯会（来源：王新征 摄）

此外，部分重要的生产性活动或是活动中的重要环节，也具有仪式性活动的性质。例如营建活动，一直到今天，在一些地区乡土聚落中，建筑的建造施工仍然不完全依赖专业化的施工组织，少数专业、半专业的工匠加上邻里之间的互助仍是民间建造的常态，完全不依赖专业人员的情况也不少见，这种营建活动也往往带有很强的庆典仪式的色彩（图 13–5）。又如传统上以陶瓷烧造作为主要产业的聚落中，开窑仪式通常也是重要的庆典活动。

图 13–4　浙江宁波秦氏支祠戏台
（来源：王新征 摄）

能够看到，上述仪式性活动的类型划分只是大致依据其起源和目的，而并不意味着其内容和形式的严格区分。事实上，到了传统社会中后期，类型之间在内容和形式上的交叉和复合化已经达到很高的程度，例如节日庆典与信仰崇拜之间的密切联系，以及几乎所有类型的

图 13–5　云南剑川沙溪镇东南村营建活动（来源：王新征 摄）

仪式性活动中都有歌舞、戏剧、曲艺等娱乐活动的参与等。同样的情况存在于仪式性空间与日常性空间之间，例如聚落中的晒场是日常生活中农事活动的空间，但在节庆时也用做歌舞表演的场地。

13.2 仪式性外部空间

本书前面的章节中已对宗教与民间信仰、宗族信仰类的公共活动和公共空间进行了专门论述，本章中将主要谈及歌舞、戏剧、曲艺的表演和观演等娱乐性的公共活动和公共空间。在传统社会中后期的乡土聚落中，表演和观演活动既是婚丧寿喜、信仰祭祀和节日庆典等仪式性活动中不可或缺的组成部分，自身也是重要的仪式性活动类型。在经济条件有限或公共建筑形制欠发达的聚落中，表演和观演活动通常在开敞的室外空间进行，而具备条件的，则会建造专门用于表演和观演的公共建筑，例如戏台和戏楼。

前文中曾经提到，乡土聚落中用于晾晒粮食的晒场，往往也是重要的用于歌舞等表演类仪式性活动的空间，特别是在很多少数民族聚落中，用于歌舞表演的场地，通常是从晾晒粮食的场地发展而来，并逐渐演变为聚落公共空间的核心，例如连南瑶族聚落的歌堂坪，黔东南苗族聚落的铜鼓坪、芦笙场，黔东南侗族聚落中的鼓楼坪，红河哈尼族聚落的磨秋场等（图 13-6）。这些公共空间也对应着少数民居聚落中各具地域特色的歌舞表演仪式，例如连南瑶族的耍歌堂，苗族的踩堂，苗族、侗族的踩芦笙，红河哈尼族的撵磨秋、壮族的歌圩等。

汉文化区的一些聚落中，也有在室外场地进行表演和观演活动的做法（图 13-7）。例如安徽歙县的瞻淇村，聚落中结合街巷和建筑，设置了一些小型的广场，当地称作“坦”。坦最初源于聚落中晾晒粮食的空间，在其后功能逐渐发生了分化，例如祠堂之前的坦，就主要用于祭祀活动。其中有一处看戏坦，就是专门设置用于表演和观演的场所。看戏坦三面围合，逢重要的节庆，村民会在看戏坦东端搭建木制的临时性戏台，在西端挂菩萨画像，有人神一同看戏的涵义，体现了乡土社会中对于戏剧表演活动“悦人娱神”功能的认识。

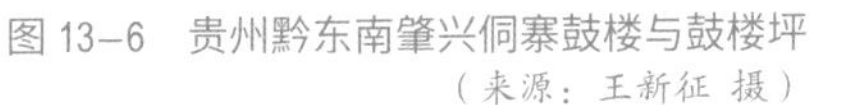

图 13–6 贵州黔东南肇兴侗寨鼓楼与鼓楼坪（来源：王新征 摄）

图 13–7 山西榆次后沟村九曲黄河阵，是转九曲表演的场地（来源：王新征 摄）

13.3 观演类公共建筑：戏台、戏楼

戏台作为专门化的用于表演的建筑，不仅为戏剧以及歌舞、曲艺的表演提供了相对专业的舞台环境，有利于提高表演质量，提升观演感受，同时也以其独特的建筑形式成为观演空间的视觉中心，提升了空间的场所感。

戏台最初应是源于早期信仰类建筑中用于以歌舞敬献神灵的部分，其后随着歌舞、戏剧的世俗化逐渐脱离了对信仰类建筑的依赖，其形式也从开始的没有遮蔽的露台，发展为独立式的舞亭，再发展到前、后台有明确区分的戏台（图 13–8）。

乡土聚落中的戏台，按其演出和观演的视觉关系可以分为一面观和三面观两种（图 13–9），而按照戏台与公共空间以及整个聚落的关系，则可以分为如下几种类型。

首先是建造于住宅内的戏台，为大户人家建造私用，与公共空间关系不大（图 13–10）。

其次是建于祠堂内的戏台，一般与祠堂的仪门兼用，在仪门朝向享堂一侧搭木制台板成为戏台，观演空间则设在享堂，也有在仪门和享堂之间的天井两侧建二层的廊庑供女眷观演的。有重要的祭祀活动时，将戏台的台板拆下，恢复仪门的功能。大型的祠堂，也有设置专门的戏台的。祠堂中的戏台，已经具有较强的公共性，特别是在单姓聚居的宗族血缘型聚落中，往往成为聚落仪式性活动的中心（图 13–11）。

图 13-8 | 图 13-9
图 13-10
（来源：王新征 摄）

图 13-8　山西吕梁碛口古镇黑龙庙戏台前台、后台
图 13-9　浙江金华汤溪镇汤溪城隍庙三面观戏台及两侧看楼
图 13-10　山西祁县渠家大院戏台

再次是建于寺观内的戏台，通常位于山门之后朝向院落的位置。其中有一种做法是戏台高度较低，门位于戏台两侧；另一种做法则将戏台建于山门入口之上，高度较大（图 13-12）。规模较大的寺观，也有独立设置戏台的。寺庙中的戏台，体现了戏剧表演“悦人娱神”的传统功能，同时也与庙会的商业活动一起，使寺观成为乡土聚落公共活动的重要核心。

图 13-11

(a) 浙江桐庐荻浦村保庆堂（申屠氏香火厅）戏台
（来源：王新征 摄）

(b) 浙江武义俞源村俞氏宗祠戏台
（来源：江小玲 摄）

图 13–12 山西太谷无边寺戏台（来源：王新征 摄）

最后是独立设置的戏台。这类戏台的位置比较自由，有位于寺观的山门对面的，仍是与寺观的信仰活动和商业庙会相结合；也有面向聚落中的广场空间的，例如四川罗城古镇凉厅街的万年台、贵州黔东南肇兴侗寨的戏台。此外，绍兴等江南水乡聚落中也常有临水或跨水建造戏台的，观演活动既可以在陆上的场地进行，也可以在水中的船上进行。戏台的规模和形制也非常多样化。独立设置的戏台，充分表明了戏剧表演的功能已经从“娱神”转变为“悦人”（图 13–13）。

此外，各地的会馆建筑中也多建有戏台。会馆的兴建本就带有壮大同乡声势、加强凝聚力的意味，同时也承担信仰、聚会、观演、节庆、文教等功能，戏台的表演和观演功能，与会馆的使用功能实际上是紧密地结合在一起的（图 13–14）。

戏台的数量、规模、形制，是聚落仪式性活动发达程度的重要体现，进而与聚落的经济发展水平、公共生活丰富程度直接相关。例如浙江宁波宁海县，现存古戏台 120 余座，藻井装饰精美；江西景德镇乐平市，现存古戏台 400 余座，类型丰富。

图 13–13 浙江湖州南浔古镇戏台（来源：潜洋 摄）

图 13–14 河南洛阳山陕会馆舞楼（戏楼）（来源：王新征 摄）

与戏台相比，戏楼整合了表演和观演的功能，能够提供全天候的观演空间，是更为完善的观演建筑形式。戏楼形式的起源，大体上可以追溯到宋代的瓦舍勾栏，是有顶的商业性观演娱乐场所。乡土聚落中也有草台的做法，是带有看棚的临时戏台。而前述祠堂中以仪门为戏台、享堂为观演空间的做法，部分也已与封闭式戏楼接近（图 13-15）。传统社会晚期封闭式戏楼的形制已经发展得较为完善，但因建造费用较高，因此多见于商业发达、民间富庶的城镇聚落中，例如北京宣武区的正乙祠戏楼（原属银号会馆）、湖广会馆戏楼，天津南开区的广东会馆戏楼，天津杨柳青镇的石家大院戏楼等（图 13-16）。

图 13–15　浙江金华寺平村百顺堂（戴氏宗祠）戏台（来源：王新征 摄）

(a) 天津广东会馆戏楼

(b) 天津杨柳青镇石家大院戏楼

图 13–16（来源：王新征 摄）

14 胸中丘壑

与“聚落”一词通常隐含的与人类原始聚居地相关联的含义不同，大多数中国乡土聚落并非完全自发发展的产物，而是存在或多或少的有意识的整体控制。这一点既体现在聚落的选址和对自然山水要素的因借当中，也体现在民居建筑的布局、尺度和形式当中。而公共空间的整体结构、组织秩序和空间形式，往往更是聚落规划控制中重点考虑的因素。

14.1 乡土聚落公共空间规划组织

今日所见的人类聚居地的乡土聚落，可能具有久远的历史（能够确认的现存最古老的民居，是山西高平中庄村的姬氏民居，建于大元国至元三十一年），但今天所展现出的整体结构和空间格局，其形成大体上不会早于明代，而聚落中建筑的营建时间，则主要集中于清代中晚期至民国时期。究其原因，一方面是传统的土木结构建筑，难以抵御气候的侵蚀和时间的流逝，特别是建造成本受到较严格限制的民居建筑；而砖在民居建筑中的大规模使用，应该在元、明之后，是烧结砖成本得到了有效控制的产物。另一方面，乡土聚落的整体格局、空间结构和建筑形式，与乡土社会的生产方式、经济结构、生活方式和社会文化密切相关，并会对其变化做出较迅速的反应。在这种情况下，乡土聚落和民居建筑的面貌通常并不会在长时期内保持稳定。此外，宋金战争、宋元战争、元末战争及明代初年靖难之役影响范围广泛，持续时间长，对全国很多地区原有的乡土聚落造成了毁灭性的破坏，同时由于战时的避祸和战后损失人口的填补，造成了大规模的人口流动，这也意味着乡土聚落营建活动的重新展开，同样的状况也发生在清代的张献忠、吴三桂等变乱和太平天国运动中。

这种乡土聚落实际建成环境的相对“年轻化”现象，使得聚落的结构和形态往往是处于有意识的控制之下，以至于今天很难看到真正意义上在无序状态下自发生长起来的聚落。一方面明清时期已经是中国传统社会的经济、技术和文化发展相对较为成熟的时期，无论是作为社会和文化背景的儒家思想、风水观念，还是作为物质基础的营建智慧和建造技术，都已经形成了较为完善的系统，从而有能力从整体上对聚落的选址、规划和营造活动进行控制。另一方面，宗族文化已经发展成熟，特别是在聚族而居的移民聚落中，在聚落初创阶段和其后的发展中，宗族力量往往有较强的掌控力，会根据宗族发展的需要对聚落的选址、整体结构、自然要素、公共空间、公共建筑以及民居建筑的格局进行合理的规划和控制。

在聚落的选址方面，一方面会注重地形、交通、水源、植被、资源、安全等功能性的条件，例如山西沁水西文兴村的柳氏民居聚落，是河东柳氏后裔为躲避政治迫害迁徙营建的，因此特意选址于历山深处。另一方面，传统的风水观念也对聚落选址有较大影响，例如清姚廷銮《阳宅集成》中所载择地口诀：“阳宅须教择地形，背山面水称人心；山有来龙昂秀发，水须围抱作环形。明堂宽大斯为福，水口收藏积万金；关煞二方无障碍，光明正大旺门庭。”[1] 在很多乡土聚落的选址中都有所体现。

在山水等自然要素的利用方面，同样既有功能性的考虑，又有风水观念的影响，前文中提到过的安徽黟县宏村的聚落理水就是典型的例子。清汪纯粹所纂《弘村汪氏家谱》中曾记载，宏村初建时，主持规划和营建的汪彦济认为：“两溪不汇西绕南为缺陷，屡欲挽以人力，而苦于无所施。”[2] 其后恰逢暴雨，河床改道：“明日顿改故道，河渠填塞，溪自西而汇合，水缳南以潴卫。”[3] 充分说明营建者对可资利用的自然水体的重视。

[1] 出自《阳宅集成·卷一·第三看 基形法》。
[2] 出自《弘村汪氏家谱·开辟宏村基址记》。
[3] 同上。

在聚落整体格局的规划方面，通常既需要考虑地域自然气候、山川地貌、道路交通等影响因素，又力求体现宗族秩序、社会理想乃至审美情趣。无论是徽州聚落街巷蜿蜒、民居错落的有机形态，还是广府聚落强调通风降温的梳式布局；无论是江南聚落以水为骨、枕河而居的水乡情态，还是黄土高原聚落依山就势、楼阁层叠的山地格局，都既体现了对地域自然环境的回应，又充分表达了营建者内心的理想住居蓝图（图 14–1）。

图 14–1　浙江松阳杨家堂村（来源：江小玲 摄）

在民居建筑的营建方面，虽然具体的营建过程仍主要由家庭各自组织完成，但宗族等聚落主导力量在营建过程中制定规约、协调邻里、处置矛盾方面仍然发挥着重要作用。而类似客家土楼聚落、潮汕围寨聚落这样独特的聚落形态，则更是体现了宗族对民居建筑的形态、组合和相互关系的清晰的控制意图（图 14–2）。

而在本书最为关注的公共空间的组织和公共建筑的营造方面，也往往离不开营建者的统筹规划和控制。相对于民居建筑，公共空间的

图 14–2　福建南靖田螺坑村（来源：王新征 摄）

组织，离不开对空间资源的统一协调，公共建筑的营造，更是需要公共财富和劳力的直接支持。因此公共空间结构清晰、内容丰富、形式完善的聚落，几乎都离不开对公共空间系统的整体规划组织。

14.2 山西榆次后沟村

后沟村位于山西省晋中市榆次区东北部的东赵乡，与寿阳县交界。聚落规模不大，总面积约 1.33 平方公里，现有居民 75 户，人口不足 300 人，却有着包括庙宇、祠堂、戏台在内的结构清晰、体系完整、类型丰富、形式多样的公共空间系统，且与聚落所处环境的地形地貌、社会结构和乡土文化紧密结合，体现了聚落营建过程中的精心组织和严谨控制（图 14–3）。

后沟村所处环境为典型的黄土高原丘陵区地貌，海拔 900 多米，聚落内部相对高差 60 余米，坡度较大，地形复杂，沟、坡、塬、滩纵横交错。聚落有文字可考的历史可以追溯到唐代，而今天聚落中可见的民居、公共建筑和设施，大体上建于明、清时期，以清代为主。聚落形式是典型的黄土高原地区山地聚落，聚落选址考虑了风水的因素，背靠着太行山支脉要罗山脉，村前有龙门河环绕而过，结合聚落周边的黄土山梁、台地，形成“四十里龙门河正当中，二龙戏珠后沟村”[1] 的山水格局（图 14–4）。

图 14–3　山西榆次后沟村（来源：王新征 摄）

图 14–4　山西榆次后沟村龙门河、五道庙、玉皇殿、戏台与真武庙（来源：王新征 摄）

[1]　后沟村民谚。

后沟村历史上是以张、范二姓为主聚族而居的聚落，民居建筑以窑洞为主，包括靠崖窑、石锢窑、砖锢窑以及窑房结合民居。民居一般顺应地形，依托山势布置在不同高度的较为平坦的台地上，形式灵活，装饰较为精美（图 14–5）。在聚落经济结构方面，后沟村是典型的黄土高原地区旱作农业聚落，因平坦、肥沃的土地有限，限制了聚落规模的扩展。聚落中也有自给自足的酿酒、榨油、酿醋、磨豆腐等手工业，今天还有传统作坊区的遗址留存。因黄土浸水后极易垮塌，黄土高原地区的窑洞聚落均高度重视雨水的排除，后沟村利用地形高差，设计了两条从上至下连接各家各户的地下排水系统，将雨水排至龙门河中，既满足了功能需要，又符合风水观念的要求，体现了聚落营造中卓越的组织能力和技术水平。

因并非单姓聚落，祠堂在聚落中并不位于核心位置，现存唯一的张家祠堂，位于张家老院下行的半山处。相对地，聚落的神灵信仰系统高度发达，有现存以及近年来原址原貌修复的庙宇 13 座，包括道教相关的真武庙、玉皇殿(含三元殿、三霄殿），佛教相关的观音堂,儒家相关的文昌阁、魁星楼，民间信仰相关的关帝庙、山神庙、河神庙、五道庙（两座）、龙王庙以及观音堂内的大王祠(供奉赵襄子）、财神殿等，此外民居内亦多建有土地龛和天地龛（图 14–6）。

图 14–5　山西榆次后沟村民居
（来源：王新征 摄）

图 14–6　山西榆次后沟村真武庙
（来源：王新征 摄）

寺庙的位置依托山形地势，同时考虑所供奉神灵的性质和风水观念的要求，布局严整有序。例如真武庙供奉道教的“北方之神”真武大帝，因而建于村北的黄土塬之上；观音堂建于聚落西南方向的台地之上，与玉皇殿隔河相峙，便于周边聚落共同祭拜；魁星楼按风水要求建于村南山冈之上，与真武庙、观音堂遥相呼应，在事实上界定了整个聚落的空间范围（图 14–7）。而在聚落的中心位置，与玉皇殿相对建戏台，成为聚落公共活动的核心空间（图 14–8）。其他庙宇亦按功能各安其位，例如五道庙位于村口护村祛邪，山神庙位于山梁之上，水神庙位于龙门河畔，龙王庙建于龙门神泉泉眼之上，文昌阁和关帝庙则形成“文东武西”的格局（图 14–9）。

后沟村以神灵信仰为核心的公共空间系统，格局完整，结构清晰，类型丰富，与聚落自然环境、生产生活和民俗文化结合紧密，是北方山地、丘陵地带乡土聚落公共空间系统的典型代表。

14.3 陕西韩城党家村

党家村位于陕西渭南韩城市东北方向的西庄镇，黄河西岸、泌水

图 14–7　山西榆次后沟村观音堂、魁星楼与龙门河（来源：王新征 摄）

图 14–8　山西榆次后沟村龙门河、观音堂、玉皇殿与戏台（来源：王新征 摄）

图 14–9　山西榆次后沟村文昌阁（来源：王新征 摄）

河谷北面的黄土台塬之间，总面积 1.2 平方公里。聚落人口规模较大，现有 300 余户，1400 余人。聚落始建于元至顺二年，主要以党、贾两姓聚族而居为主，今天所见的聚落面貌，大体建于明清时期。清代前、中期，党家村人在外营商有成，民间富庶，民居建筑和公共建筑的数量和质量都得到了很大提升。聚落中现存民居 120 余座，祠堂 10 余座，以及庙宇、文星阁、看家楼、节孝碑等古建筑若干，格局紧凑，结构清晰，公共空间组织有序，类型丰富（图 14-10）。

在聚落选址方面，党家村依塬傍水，建于泌水之阳的谷地之中，地势南低北高，日照充足，北面的台塬能够阻挡冬季的西北风，南部的泌水河谷则带来排水的便利，夏季吹过河谷的凉风利于降温，同时也因谷地的葫芦形状而被认为是风水宝地。

在聚落的整体格局方面，总体上包括村落和寨堡两个区域，泌阳堡是为抵御匪患而修建，依托北面的白庙塬，建于村落东北部，与村落之间以堡门隧洞相连，形成上寨下村的格局。村落部分结构以东西向的大巷为骨架，延伸出多条支巷，街巷形态和断面也充分考虑排水的需要。寨堡内街巷则为南北向，与连接村落的隧洞方向一致，利于防御时的人流组织（图 14-11）。

党家村内民居的建筑形式以四合院为主，因聚落人口较多，用地紧张，建筑密度较大，布局紧凑规整。单个院落的规模一般不大，但

图 14–10 陕西韩城党家村（来源：王新征 摄）

建筑高度较高，青砖砌筑墙体的表现力与高大的体量、封闭的外观一起体现出严谨、质朴、厚重的整体氛围。大门多设高起的门楼，当地称“走马门楼”，装饰精美，成为建筑整体外观和街巷空间的视觉中心（图 14-12）。

在公共空间系统方面，党家村聚落中公共空间的类型完备，既有与生产生活密切相关的水井、磨坊，也有与文化教育相关的私塾、文星阁、惜字炉；既有家族信仰的祠堂，又有宗教信仰的庙宇；既有娱乐观演的戏台，又有安全防卫的寨堡、看家楼。公共空间和公共建筑的数量众多，形式丰富，且与聚落的整体结构和街巷交通系统充分结合，形成聚落中的重要公共空间节点（图 14-13）。

在宗族信仰方面，党家村现存祠堂十余座，其中党族祖祠和贾族祖祠分别是聚落中党姓和贾姓的宗族总祠，是聚落宗族信仰活动的中心。总祠之外，还建有支祠多座。在宗教信仰方面，泌阳堡上建有双神庙，供奉关羽和观音菩萨，并与连二祠堂、私塾、涝池一起，形成围绕泌阳堡寨门的重要公共空间节点（图 14-14）。历史上，党家村还有两座较大规模的庙宇建筑群，分别位于聚落东北角和东南角，称

图 14-11　陕西韩城党家村大巷
（来源：王新征 摄）

图 14-12　陕西韩城党家村民居走马门楼
（来源：王新征 摄）

作“上庙”“下庙”，上庙供奉观音菩萨、文殊菩萨、普贤菩萨、牛王、土地、送子娘娘，并建有戏台，下庙供奉关羽、马王、法王房寅、药王孙思邈、火神、财神，可惜均已不存。在具有地标意义的公共建筑方面，用于值班放哨、看家护院的看家楼，旌表节孝、装饰精美的节孝碑，以及供奉文曲星的文星阁，都是聚落中重要的地标性节点，其中文星阁为7级六边形塔式建筑，高37.5米，是聚落中的制高点，同时承担着风水塔的功能（图14-15）。

党家村的公共空间系统，结构清晰，类型丰富，几乎涵盖了北方地区乡土聚落的公共空间类型，与聚落自然环境、生产生活和民俗文化结合紧密，更体现了宗族力量在聚落公共空间规划组织和营建中的

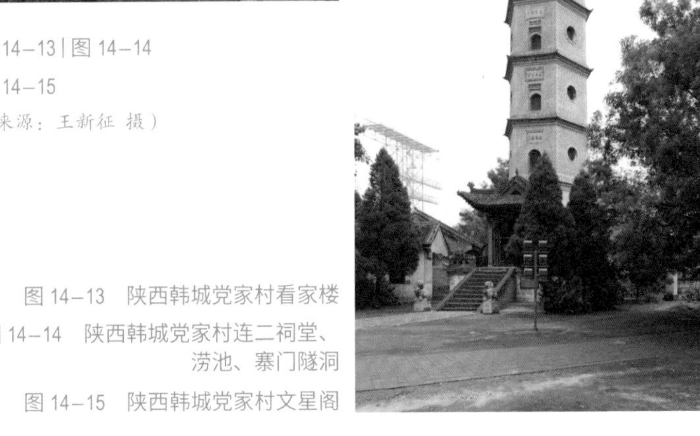

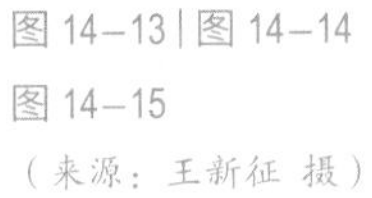

图14-13 | 图14-14
图14-15
（来源：王新征 摄）

图14-13　陕西韩城党家村看家楼
图14-14　陕西韩城党家村连二祠堂、涝池、寨门隧洞
图14-15　陕西韩城党家村文星阁

重要作用，是北方平原农耕型乡土聚落公共空间系统的典型代表。

14.4 浙江兰溪诸葛村

诸葛村位于浙江金华兰溪市西部的诸葛镇，原名高隆村，因作为迄今发现的最大的诸葛亮后裔聚居地而得名。村内现存明清古建筑200余座，聚落格局完整、清晰，公共空间组织有序，形式多样。

诸葛村聚落整体结构最主要的特征是放射性的路网结构和向心性的空间组织。聚落所处地形中间低，四周高，顺应地势在地形较低处修建池塘，称“钟池”，以此为中心向四周辐射出八条小巷，形成聚落路网和空间结构的基本骨架，再结合聚落周边环绕的八座土岗，形成“八卦”的空间意象。虽然其中确有近年来为了旅游开发宣传而附会的成分，但仅从实际的建成环境而言，也确实能看出聚落营建过程中的巧妙构思和有效控制（图14-16）。

作为单姓聚居的宗族血缘型聚落，诸葛村的公共空间以祠堂最为重要，盛期有祠堂十余座，今仅有部分尚存。位于钟池北岸的大公堂，是纪念、供奉诸葛亮的公祠，前后五进，规模宏大，格局规整，装饰

图14-16　浙江兰溪诸葛村街巷（来源：江小玲 摄）

精美，与钟池一起形成整个聚落公共空间的中心（图 14-17）。位于东面村口的丞相祠堂，则是高隆诸葛氏族的宗祠，是聚落宗族信仰活动的中心（图 14-18）。村西围绕上塘、下塘两个水塘，建有药铺寿春堂，房派宗支的祠堂雍睦堂、大经堂，以及商业街市等，形成聚落中另一个重要的公共空间节点（图 14-19）。此外，聚落中还有滋树堂、春晖堂、文与堂、友于堂、崇行堂、崇信堂等祠堂，隆丰禅院、徐偃王庙等庙宇，南阳书舍、义塾、文昌阁等文教建筑，天一堂药铺以及节孝坊等，共同构成整个聚落的公共空间系统。

诸葛村整体结构清晰，布局有序，公共空间类型丰富，是南方丘陵地区宗族血缘型乡土聚落公共空间系统的典型代表。

图 14-17　浙江兰溪诸葛村钟池、大公堂与民居（来源：张屹然 摄）

图 14-18　浙江兰溪诸葛村丞相祠堂（来源：江小玲 摄）

图 14-19　浙江兰溪诸葛村上塘商业街市（来源：杨茹 摄）

15 匠心巧思

公共空间的界面不仅起到围合空间的作用，界面的形式特征也会影响公共空间的属性。不同的界面尺度、形式和材料都会影响空间的围合程度和通透感，不同的装饰风格和手法则会赋予空间以识别性和意义，使空间上升为场所。在公共空间的营造中，正是通过界面的形式、材料和装饰风格来界定公共空间的内容和意义的。

15.1 乡土聚落公共空间营造

当提到空间时，我们所指的当然是被围合限定的“空”的部分，但在实际的建成环境中，“空”总要由“实”来围合或至少是限定，“无”仍是要来自于“有”。具体地说，作为乡土聚落的营建者，需要通过实体性要素的营造活动，来界定、形成或至少是影响公共空间。公共空间的类型、功能和形式，最终要取决于这些实体性要素的特征和组织方式。对于公共建筑内部的空间来说，相关的实体性要素包括建筑的基础、结构、围护墙体以及屋顶等；而对于外部空间来说，同样会涉及包括地坪、垂直围合界面、遮蔽物以及空间范围内包含的其他实体性要素。

无论对于何种空间类型，界面（包括垂直界面和水平界面）都具有重要的意义，界面不仅仅起到围合空间的作用，其功能和形式也会影响空间的属性，并赋予空间以场所感。界面的尺度、形式、材料、色彩、肌理等特征都会成为公共空间视觉形式的一部分。

在本书前文关于街巷空间的论述中，已经从空间的尺度、形状、界面的封闭与开放程度等属性对街巷公共空间的影响进行了论述，对

于其他类型的公共空间来说，这些因素的作用机制和影响效果大体类似，在此不再赘述。除了这些相对直接和宏观的影响因素之外，还有一些要素，对公共空间的影响看上去没有那么直接和显著，但实际上也在很大程度上影响甚至决定着人在空间中的活动方式和空间感受，例如空间界面的材料、色彩、质感，空间的触觉与听觉感受，空间中的装饰风格与植物配置等。特别是当提到公共空间时，人们通常并非仅指其空间本体，而更多的是关注其场所意义，上述因素的影响就显得尤为重要。

15.2 材料与公共空间

构成空间界面——包括地坪、垂直围合界面以及可能存在的顶面的材料会显著影响界面的色彩、纹理和质感。虽然这不会改变形状、尺度等更为基础的空间属性，但是却与公共空间场所感的塑造密切相关。对于乡土聚落来说，这也是其公共空间地域性和乡土意象的主要来源。此外另一个重要的因素在于，材料不仅影响了空间的视觉特性，还在很大程度上决定了界面的触觉感受。坚硬的或是柔软的，光滑的或是粗糙的，冰冷的或是温暖的，不同的触觉体验会显著影响公共空间的场所感受，很多时候对于场所记忆的形成来说甚至比视觉更为重要。此外，空间内的听觉体验一定程度上也受到界面材料的影响。

当关注材料作为空间界面的要素对公共空间产生影响时，我们通常关注的并不是材料的物理属性——例如力学性能，而是其表观特征，即材料作为围护界面饰面层的特征。在这个方面，在中国乡土建筑最主要的几种材料——木、土、石、砖中，土虽然是应用最为普遍的墙体围护材料，但却很少被视为一种理想的饰面层。除了其自身耐水性较差、易受侵蚀以及容易粉化的劣势外，也许更为重要的是，在大多数地区，生土——无论是夯土还是土坯，都被视为一种廉价的、低品质的材料，是在成本受到严格限制情况下的不得已的选择。因此，即使在民间建筑中，厅堂等重要的空间也会尽量避免使用裸露的生土作为面层，在更为重视审美、象征和文化意义的公共空间中这一点就体现得更为明显（图 15-1）。

相对地，在大多数情况下，砖被视为一种理想的饰面层材料，无论是对于民居建筑还是公共空间而言。在传统建造条件下，砖的生产方式(材料生产的独立性和产业化、模具成型、砌块个体之间的均一性)和物理性能（烧结后的强度和抗侵蚀能力）使其相对木、土、石等材料来说具有更好的精细建造潜力。特别是在建造过程几乎完全依靠手工操作，因而建造效果严重依赖于工匠技艺水平的情况下，砖砌施工的精度水平相对来说具有更好的稳定性。因此，一定程度上，对于中国传统建筑特别是施工成本、时间成本均受到较为严格限制的乡土建筑来说，砖作就成为最适合表达精致化审美取向的建造技术和工艺手段。也正是基于这种基本的价值取向，传统时期的砖砌建造技术和工艺手段几乎毫无例外地指向精致化的审美意趣和工艺表达。这种精致化的审美取向表现在从砌块外观质量（边角完整性、表面质感甚至触感、声音等)、尺寸一致性到砌筑方式和质量控制等一系列营造环节中，甚至形成了诸如“磨砖对缝”之类极端强调砌筑方式和表达效果精致性的砖砌做法（图 15-2）。

同时，在传统时期，相对于石材、生土等其他围护墙体材料来说，砖的材料生产过程更为复杂，生产设施和燃料的耗费更高，同时很多

图 15-1　云南大理东莲花村碉楼（来源：王新征 摄）

情况下更不便于就地取材，因此通常具有较高的成本。这一点与其精致化的审美取向一起，使砖在某种程度上成为财富的象征。在大多数情况下，使用砖作为围护材料（甚至饰面材料）意味着使用者更雄厚的财力。这使得砖的使用即使在最为大众化的层面上也超越了单纯的功能化需求而具有了文化意义。很多砖的复合（例如金包银）或混合（例如在门头等重要部位使用砖）使用固然是看中砖更好的强度和抗侵蚀性能，但也有在较为严格的成本限制下更好地体现使用者的身份地位（图 15-3）。

因此能够看到，在很多乡土聚落中，即使在聚落中的民居整体上使用土、木、石等建筑材料较多的情况下，较为重要的公共空间仍倾向于使用砖作为界面的面层。同时，越重要的公共空间，越倾向于使用干摆、丝缝等更为精细、成本也更高的砌筑方式。而在以白色混水砖墙作为民居建筑主要围护墙体样式的聚落中，也常有在重要的公共空间或公共空间中的重点部位使用清水砖墙的做法（图 15-4）。

而对于木材和石材来说，不同种类、尺寸材料的效果和成本之间存在很大的差异，不同的材料营造方式之间效果的差别也非常明显。相应地，越重要的公共空间界面越会精心地选择材料的具体种类和营

图 15-2 安徽歙县许村大郡伯第坊门楼（来源：王新征 摄）

图 15-3 云南大理东莲花村民居生土墙体与砖砌大门（来源：王新征 摄）

造方式，例如更大尺寸的木料，更名贵的石材，更精细的木作或者石材砌筑工艺等。

上述材料选择的影响因素不仅仅涉及空间的垂直围护界面，也同样涉及公共空间的水平界面，特别是地坪的材料选择。美学效果更好、更昂贵的材料，以及更为精细化的材料营造方式，总是会优先应用于重要的公共空间（图 15-5）。与官式建筑的不计成本不同，乡土聚落中的营建活动总是会小心翼翼地做出选择，保证有限的资源和人力被分配到最重要的领域。而与垂直界面不同的是，地坪的材料选择会更多地考虑耐久性以及舒适性的因素。

15.3 装饰与公共空间

现代主义运动以来，装饰在建筑中的作用总体上受到刻意的忽视甚至压制，但在传统时期，装饰是建筑中最为重要的要素之一。对于乡土聚落公共空间来说，装饰和材料一起在很大程度上决定了其地域性和乡土意象。同时，相对于抽象的空间属性来说，装饰与乡土社会的文化、信仰、习俗和民间艺术之间存在着更为紧密的联系，而这些因素，都会显著影响乡土聚落公共活动的内容和形式。

中国传统乡土建筑的装饰技艺主要包括木雕、石雕、砖雕、陶塑、灰塑、嵌瓷、油饰、彩画、彩绘等。其中木雕、石雕、砖雕是乡土建筑中应用最为普遍的装饰类型，分布地域广，在建筑中的使用方

图 15-4　安徽歙县唐模村高阳桥砖砌墙体
（来源：张屹然 摄）

图 15-5　山西榆次后沟村戏台与玉皇殿广场
（来源：王新征 摄）

式也非常多样化。陶塑是用陶土烧制的装饰性构件，分布地域广泛，但在建筑中多应用于屋脊等少数部位。灰塑和嵌瓷是地域性较强的装饰类型，灰塑是以石灰（沿海地区也有用贝灰代替石灰的）为主要原料，辅以河沙、棉花、麻绒、颜料、红糖、糯米等辅料，用水调制成灰膏、灰浆，以铁丝为骨架，进行塑造并施以彩绘的装饰方式，主要分布于福建、广东，在海南、广西、江西、湖南、湖北、四川等地也有部分使用。嵌瓷又称剪粘，是将彩色的瓷碗、瓷碟用特制的尖嘴剪剪成需要形状的瓷片，然后嵌入未干的灰泥中形成特定形状的装饰工艺，是闽南、潮汕和台湾地区特有的装饰样式。油饰、彩画、彩绘等分布地域亦较广泛，但一定程度上受到建筑等级制度较为严格的限制（图 15-6）。

图 15-6 广东揭阳棉湖镇永昌古庙装饰：石雕、灰塑、嵌瓷、彩绘、彩画（来源：王新征 摄）

乡土社会中装饰的内容和题材非常多样化，类型丰富，地域性强，大体上包括：神话传说，例如龙凤呈祥、双龙戏珠、和合二仙、麒麟送子、三星高照、八仙过海、刘海戏金蟾等；民间故事，例如成语典故、小说故事、戏曲人物、二十四孝、文王访贤、桃园结义、三顾茅庐、刀马图、渔樵耕读等；自然和建筑，例如山川、湖泊、河流、树林、农田、亭台楼阁、桥梁、城楼、船舫等；动物和植物，例如狮子、梅花鹿、耕牛、仙鹤、喜鹊、蝙蝠、鹌鹑、鲤鱼、松柏、竹子、山茶、玉兰、荷花、梅花、兰花、牡丹、月季、菊花、海棠、柿子、葫芦、石榴、枫叶、莲蓬等；器物，例如花瓶、如意、香炉、书卷、乐器、算盘等；书画题材，例如国画、书法、诗文、印章、匾额、楹联、寿字等；抽象图案，例如回纹、万字、云纹、卷草、博古、八卦、河图、洛书等（图 15-7）。这些题材均与乡土社会生产生活的各个方面存在着千丝万缕的联系，受到地域历史、社会、文化和审美取向等因素的制

图 15-7 陕西韩城党家村节孝碑砖雕
（来源：王新征 摄）

图 15-8 陕西旬邑唐家村民居砖雕装饰
（来源：王新征 摄）

约，也会受到绘画、雕塑、民间手工艺等相关艺术形式题材与内容的影响。同时，装饰图案的选择，一般并不仅仅依据形式上的美感，更追求所蕴涵的意义，其中常有以借代、隐喻、比拟、谐音、寓意的做法。或者表达居住者的志向意趣，例如以梅兰竹菊寓意品行高洁等；或者表达吉祥祝福，例如松树和仙鹤的图案寓意松鹤延年，梅花和喜鹊的图案寓意喜上眉梢等。因此，装饰的应用，无论对于民居建筑还是公共空间来说，都能够最为直接地表达营建者的所思所想，将抽象的空间与乡土社会的情感、信仰、文化和审美最为紧密地联系在一起（图 15-8）。

装饰在乡土聚落公共空间中的应用，主要包括如下几种情况：

公共空间垂直界面的装饰，例如各种类型墙体的装饰，以及作为空间界面的建筑檐下、檐口、屋脊等部位的装饰等。影壁的装饰是其中最为典型的例子，影壁位于空间中重要路径的转折之处，同时也是行进中视线的焦点，因此其视觉效果得到充分的重视。影壁采用的装饰类型以砖雕和石雕为主，主要应用于底座部位的须弥座、墙身中间的影壁心和四角，以及顶部的檐子、屋脊和仿木构件，相比普通墙体，砖雕装饰的密度更高，也更为精致（图 15-9）。

牌坊也能够对空间形成一定程度的界定，但更具开放性，同时也

强调了标志性和通过的仪式感。因为牌坊的营建往往带有褒扬忠君、报国、节孝、科举等功德的意图，因此对公共空间的场所感和文化内涵往往具有重要意义。牌坊采用的装饰类型以石雕为主，也有采用砖雕的，装饰的内容往往与牌坊旌表的对象和内容有关（图 15-10）。公共空间中其他带有标志性的要素，例如塔幢、惜字宫等，其装饰对公共空间所具有的意义总体上与牌坊相近似。

图 15-9　浙江宁波秦氏支祠照壁（来源：王新征 摄）

组成公共空间界面的建筑特别是重要公共建筑的大门，往往是空间中重要的具有标志性的视觉中心，同时也起到提示和引导空间中的人流方向和公共活动内容的作用，因此往往也是装饰的重点部位。根据各地乡土建筑入口形式和做法的不同，木雕、砖雕、石雕、陶塑、灰塑、嵌瓷、彩绘等装饰类型的应用都较为普遍。此外匾额、楹联的使用也是大门装饰的重要组成部分，是传达公共空间叙事性和场所感的重要手段（图 15-11）。

图 15-10　山东桓台新城镇城南村四世宫保坊（来源：王新征 摄）

此外，水平界面的装饰对于公共空间也有显著的影响，典型的例子是戏台的藻井，除了对于戏台表演的声学效果有一定积极

图 15-11　山西太谷北洸村三多堂大门（来源：王新征 摄）

作用外，更通过斗拱、木雕、彩画等装饰手段，强化了戏台表演空间的整体氛围（图 15-12）。

15.4 植物与公共空间

对于传统时期的中国人来说，除了山水，植物是与人相关的自然的另一个重要的部分。对植物的种类和形态的理解和运用不仅仅与地域的气候、土壤和水文等自然因素密切相关，同时也是地域文化、风俗习惯和审美情趣等社会因素的反映。植物对公共空间的影响存在于很多层面，可以作为一种材料形成公共空间的界面，或者作为公共空间中的装饰性要素，甚至在一些情况下，植物就是空间本身。

在前文中提到过的贵州黔东南榕江县三宝侗寨中，沿河堤的护堤榕树成为滨水空间最为显著的特征，使滨水的浣洗空间成为聚落中重要的日常性公共空间（图 15-13）。这种通过选择特定的树种有意识地营造滨水空间的做法，在传统时期的乡土聚落中非常常见。

在很多乡土聚落公共空间的整体结构和序列中，植物也起到重要的引导和提示作用。徽州等地聚落中的水口空间，通常会保留或种植水口林，水口林面积数十亩至数百亩不等，既是传统风水观念中“藏风聚气”、维护良好聚落环境的重要手段，也是水口空间重要的界定要素。乡土聚落的乡规民约中通常会有明确的规定，严格禁止砍伐水口林，因此聚落的水口林中常常保留有数百年树龄的古树

图 15-12　浙江金华府城隍庙戏台藻井
（来源：王新征 摄）

图 15-13　贵州榕江三宝侗寨寨蒿河滨水空间
（来源：王新征 摄）

（图 15-14）。同时，在聚落中其他的重要节点位置，也常种植具有风水意义的树木，例如安徽祁门桃源村叙五祠后的古樟树，就被赋予象征桃源陈氏宗族五门兴盛的涵义，被称为“五门樟”（图 15-15）。而在广东雷州的潮溪村，村内和周边现存古榕树百余棵，相当一部分邻近重要的公共空间节点，特别是位于聚落南、西、东三个入口附近的榕树，对于聚落入口处公共空间节点的形成具有重要意义（图 15-16）。其中聚落东入口的妈祖庙，就与一颗古榕树紧密结合，并以榕树的树冠界定形成广场，成为结合交通、休憩和信仰功能的重要公共空间（图 15-17）。

图 15-14　安徽歙县昌溪村水口千年龙凤樟（来源：杨茹 摄）

此外，一些植物种类在乡土社会中被赋予某些特定的文化和审美内涵，这些植物也会对公共空间的场所感和文化意义产生影响，典型

图 15-15　安徽祁门桃源村五门樟（来源：王新征 摄）

的例子就是江南等地的文人文化中对竹子的特殊喜爱，使得在一些实例中竹子被作为公共空间的实际构成界面。

而在更广泛的意义上，也许最为著名的与公共活动和公共空间相结合的植物是山西洪洞的大槐树，作为明代山西移民大规模迁徙旅程象征性的起点，大槐树已经成为移民心中故土的象征，即使在本体已经消失的情况下，仍然在实体空间和想象空间中保持着巨大的影响力。

图 15–16　广东雷州潮溪村村口古榕树（来源：王新征 摄）

图 15–17　广东雷州潮溪村古榕树与妈祖庙（来源：王新征 摄）

参考文献

[1] 陆琦 . 广东民居［M］. 北京 : 中国建筑工业出版社，2008.

[2] 陆琦 . 广府民居［M］. 广州 : 华南理工大学出版社，2013.

[3] 单德启 . 安徽民居［M］. 北京 : 中国建筑工业出版社， 2009.

[4] 戴志坚 . 福建民居［M］. 北京 : 中国建筑工业出版社， 2009.

[5] 王士懋 . 闽部疏（明宝颜堂订正刊本影印）［M］. 台北 : 成文出版社有限公司，1975.

[6] 李先逵 . 四川民居［M］. 北京 : 中国建筑工业出版社，2009.

[7] 雍振华 . 江苏民居［M］. 北京 : 中国建筑工业出版社，2009.

[8] 丁俊清 , 等 . 浙江民居［M］. 北京 : 中国建筑工业出版社，2009.

[9] 赵吉士 . 寄园寄所寄下册［M］. 上海 : 大达图书供应社，1935.

[10] 王金平 , 等 . 山西民居［M］. 北京 : 中国建筑工业出版社，2009.

[11] 王军 . 西北民居［M］. 北京 : 中国建筑工业出版社，2009.

[12] 左满堂，等 . 河南民居［M］. 北京 : 中国建筑工业出版社，2012.

[13] 祁韵士 . 万里行程记［M］. 银川 : 宁夏人民出版社，1987.

[14] 黄浩 . 江西民居［M］. 北京 : 中国建筑工业出版社，2008.

[15] 顾炎武 . 顾炎武全集 13［M］. 上海 : 上海古籍出版社，2011.

[16] 曹树基，等 . 中国移民史（第 6 卷）［M］. 福州 : 福建人民出版社，1997.

[17] 罗德启 . 贵州民居［M］. 北京 : 中国建筑工业出版社，2008.

[18] 王培荀 . 听雨楼随笔［M］. 成都 : 巴蜀书社，1987.

[19] 罗德胤 , 等 . 哈尼梯田村寨［M］. 北京 : 中国建筑工业出版社，2013.

[20] 杨大禹，等．云南民居［M］．北京：中国建筑工业出版社，2009.
[21] 梁林．雷州民居［M］．广州：华南理工大学出版社，2013.
[22] 陈震东．新疆民居［M］．北京：中国建筑工业出版社，2009.
[23] 谢肇淛．五杂组［M］．上海：上海书店出版社，2001.
[24] 陈志华．古镇碛口［M］．北京：中国建筑工业出版社，2004.
[25] 戈特弗里德·森佩尔．建筑四要素［M］．罗德胤，等译．北京：中国建筑工业出版社，2009.
[26] 周学曾，等．晋江县志［M］．福州：福建人民出版社，1990.
[27] G·齐美尔．桥与门——齐美尔随笔集［M］．涯鸿，等译．上海：上海三联书店，1991.
[28] 李晓峰，等．两湖民居［M］．北京：中国建筑工业出版社，2009.
[29] 屈大均．广东新语［M］．北京：中华书局，1985.
[30] 梁思成．中国建筑史［M］．天津：百花文艺出版社，1998.
[31] 业祖润．北京民居［M］．北京：中国建筑工业出版社，2009.
[32] 罗德胤．中国古戏台建筑［M］．南京：东南大学出版社，2009.
[33] 陈志华，李秋香．诸葛村［M］．北京：清华大学出版社，2010.
[34] 单军．建筑与城市的地区性——一种人居环境理念的地区建筑学研究［M］．北京：中国建筑工业出版社，2010.
[35] 中华人民共和国住房和城乡建设部．中国传统民居类型全集［M］．北京：中国建筑工业出版社，2014.
[36] 王新征．合院原型的地区性［M］．北京：清华大学出版社，2014.
[37] 王新征．技术与今天的城市［M］．北京：中国建筑工业出版社，2013.

致　谢

感谢《筑苑》丛书各主办单位、理事单位对传统建筑文化普及工作的支持，感谢丛书编委会对本书写作富有建设性的意见与建议，特别感谢范霄鹏老师的邀请和推荐，使我有幸参与到丛书的编写工作中。

感谢中国建材工业出版社章曲编辑的盛情邀请，更要感谢她为本书的策划和出版所做的辛勤工作，感谢出版社在本书出版的各个环节给予支持和帮助的老师们。

感谢研究生团队潜洋、马韵颖、张屹然、李发美、郑李兴等同学为本书相关的调研和整理所做的工作。感谢参与相关调研工作的李雪、杨茹、谢俊鸿、江小玲、邵佳明、彭建等同学。

本书的调查和研究承蒙教育部人文社会科学研究青年基金项目(15YJCZH177)、北京市社会科学基金项目(15WYC066)、北京市教育委员会科技计划项目(KM201810009015)、北京市教委基本科研业务费项目、北方工业大学人才强校行动计划项目的资助，特此致谢。

常熟古建园林股份有限公司

联系地址：江苏省常熟市枫林路10号
联系电话：0512-52881957

匠心营造　传承创新

常熟古建园林股份有限公司成立于1983年，2017年2月20日，经全国股转公司同意，本公司股票进入全国股转系统（新三板）挂牌公开转让，证券简称：常熟古建，证券代码：870970。公司具有以下资质：建筑工程施工总承包一级、古建筑工程专业承包一级、城市园林绿化施工一级、风景园林工程设计专项甲级、文物保护工程施工一级、文物保护工程勘察设计乙级、建筑机电安装工程专业承包二级、建筑装饰装修工程设计与施工二级、消防设施工程专业承包二级、电子与智能化工程专业承包二级、市政公用工程施工总承包三级。

三十多年来，常熟古建园林股份有限公司凭借精湛的施工技艺，丰富的实践经验，优质工程项目遍布全国各省（除西藏、青海、新疆、宁夏、台湾以外）以及美国、英国、德国、日本、澳大利亚、斯里兰卡、赤道几内亚、乌干达等多个国家，获得广泛好评。南昌滕王阁重建工程获得国家『鲁班奖』，多项工程获得江苏省『扬子杯』和苏州市『姑苏杯』优质工程奖。同时，也在省外获得了多项荣誉。自2014年以来，公司共有31项发明及实用新型专利获得了国家知识产权局颁发的专利证书。

公司注重传统技艺的传承，建立了多个大师工作室，并成立古建技艺传承中心，公司的传统营造技艺被江苏省文化厅批准为第四批省级非物质文化遗产代表项目。

廣州市園林建築工程公司

公司地址：广州市东风西路 161 号

邮　　编：510170

电　　话：020–81955826

传　　真：020–81949271

网　　址：www.yjgs.com

广州市园林建筑工程公司

gzyj1958

企业文化

同心协力，多向发展，司兴我荣

企业精神

求实、拼搏、创新、奉献

意匠軒

铸筑百年老字号　营造国际意匠轩

施工案例

广州大佛寺

设计案例

荷兰熊猫馆

扬州万福桥头堡

汕头石泉岩古寺

高邮当铺保护方案

扬州意匠轩园林古建筑营造股份有限公司

传统建筑、生态园林、建筑遗产保护等工程的
策划、投资、设计、施工、研究、管理全产业链运营商

地址：扬州市文昌中路18号文昌国际大厦四楼 **电话：**0514-85559000

E-mail: yzyjx2008@163.com **邮编：**225003